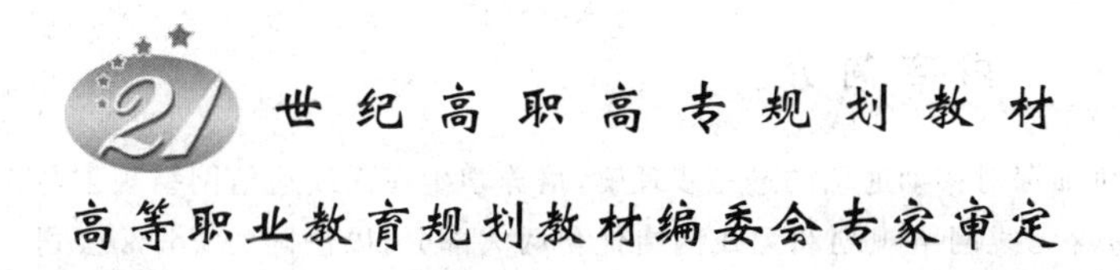

高等职业教育规划教材编委会专家审定

无线网络规划与优化实训教程

陈 岗 司徒毅 主编

北京邮电大学出版社
www.buptpress.com

内 容 简 介

本书针对通信技术相关专业，使学生加深对移动通信的进一步理解，培养学生在无线通信网络规划与优化方面的动手操作能力。本书内容包含无线网络规划和无线网络优化两大部分，以法国的 Forsk 公司的 Atoll 软件作为无线网络规划操作平台，以中兴通讯股份有限公司的 ZXPOS CNT1/ CNA1 作为无线网络优化操作平台，内容深入浅出，案例丰富，可作为高职高专通信类相关专业的实训教材，也可作为通信从业人员的参考。

图书在版编目(CIP)数据

无线网络规划与优化实训教程 / 陈岗，司徒毅主编. -- 北京 ：北京邮电大学出版社，2016.7
ISBN 978-7-5635-4812-5

Ⅰ. ①无… Ⅱ. ①陈…②司… Ⅲ. ①无线网—网络规划—职业教育—教材 Ⅳ. ①TN92

中国版本图书馆 CIP 数据核字(2016)第 166204 号

书　　名：无线网络规划与优化实训教程
著作责任者：陈　岗　司徒毅　主编
责 任 编 辑：徐振华　孙宏颖
出 版 发 行：北京邮电大学出版社
社　　址：北京市海淀区西土城路 10 号(邮编：100876)
发 行 部：电话：010-62282185　传真：010-62283578
E-mail：publish@bupt.edu.cn
经　　销：各地新华书店
印　　刷：北京通州皇家印刷厂
开　　本：787 mm×1 092 mm　1/16
印　　张：7.5
字　　数：186 千字
版　　次：2016 年 7 月第 1 版　2016 年 7 月第 1 次印刷

ISBN 978-7-5635-4812-5　　定价：18.00 元

·如有印装质量问题，请与北京邮电大学出版社发行部联系·

前　言

"做中学,做中教"已成为职业教育改革的主导理念,其影响的广度和深度远远超越了我国历次职业教育课程改革。这场改革的形成,主要还是源于职业院校自身发展的需要,源于职业院校自身强烈的改革意愿。

无线网络规划与优化是移动通信领域的一门核心课程,是通信技术专业、移动通信技术专业、通信工程设计与监理专业等的必修课。本书是针对无线网络规划与优化而开设的一门实训课程,此实训课程使学生加深对移动通信的进一步理解,培养学生在无线通信网络规划与优化方面的动手操作能力,使学生掌握典型的网络规划与优化的软件,了解网络规划与优化的基本流程,学会如何进行数据的采集工作,懂得如何根据测试数据进行系统分析,分析移动通信网络的性能,并能够提出改进措施。

在蜂窝移动通信网的规划和优化中,如何了解网络的实际情况成为一个重要问题。路测(DT)和呼叫质量测试(CQT)是了解网络质量、发现网络问题最直接、最准确的方法。通过路测发现网络中的问题,然后运用移动通信基本原理、BSS 产品知识和一些无线通信的工程经验,提出优化建议,然后再通过路测验证优化的效果。无线网络的优化是个循序渐进、长期的过程。路测是一位网络规划、优化工程师的基本功,所以路测数据分析显得尤为重要。优化的目的是达到全网的综合配置优化以及个别区域网络状况的服务质量优化,经过全面而有针对性的考察和周密的分析,制订行之有效的解决方案,在尽量减小投入成本的基础上,最大程度地提高服务质量。

本书包含无线网络规划和无线网络优化两大部分。在无线网络规划部分,采用 Atoll 软件作为无线网络规划的操作平台。Atoll 是法国 Forsk 公司开发的,是一个全面的、基于 Windows 的、支持 2G、3G、4G 多种技术、用户界面友好的无线网络规划仿真软件,它是 Forsk 公司的核心产品。2000 年,Atoll 的 3G 版本是市场上第一个 3G 无线规划工具,Atoll 在 2G、3G 以及目前 LTE4G 网络的规划仿真,技术上是相当成熟的。

在无线网络优化部分,采用中兴通讯股份有限公司自主研发的 ZXPOS CNT1 前台测试软件、ZXPOS CNA1 后台分析软件作为操作平台。鉴于业界 2G、3G、4G 网络并存的局面,本书以成熟的 cdma2000 系统作为切入点,系统介绍 cdma2000 的无线网络数据采集、数据分析和优化流程。

本书由广东轻工职业技术学院陈岗、司徒毅编写。其中陈岗编写项目一无线网络规划的全部内容和项目二无线网络优化的任务四和任务五,司徒毅老师编写项目二无线网络优化的任务一至任务三。

本书得到广东轻工职业技术学院教材建设资金的资助。

由于编者水平有限,书中难免有不妥之处,恳请读者批评指正。

编 者

目　　录

项目一　无线网络规划

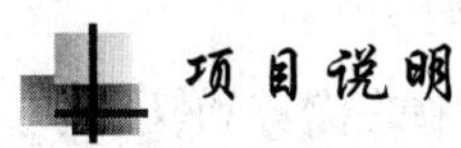

项目说明

无线网络规划的目标就是在一定的成本下，在满足网络服务质量的前提下，建设一个容量和覆盖范围都尽可能大的无线网络，并能适应未来网络发展和扩容的要求。无线网络规划是一项系统工程，从无线传播理论的研究到天馈设备指标分析，从网络能力预测到工程详细设计，从网络性能测试到系统参数调整优化，贯穿了整个网络建设的全部过程，大到总体设计思想，小到每一个小区参数。对于电信运营商来说，系统所能提供的覆盖范围、业务类型、用户容量、服务质量是他们最关心的问题。以上问题都需要通过网络规划来解决，通过网络规划可以使无线网络在覆盖、容量、质量、成本等方面实现良好的平衡。

目前社会存在多种无线网络规划软件系统，其中法国 Forsk 公司的 Atoll 软件功能齐全、操作简便直观、性能优越，因而受到全球大量用户的好评。

本项目重点学习 Atoll 软件的安装与使用方法，通过软件进行网络数据配置和网络仿真，并对仿真结果进行分析，提出系统的解决和优化方案。

技能目标

任务一　规划软件的安装与使用
任务二　新建工程并导入地图数据
任务三　无线网络规划站点数据配置
任务四　无线网络仿真

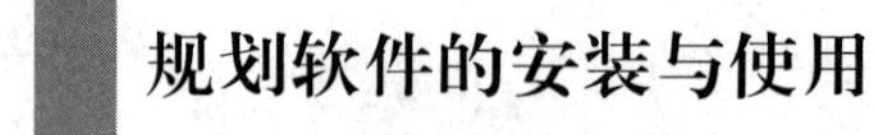

任务一　规划软件的安装与使用

训练描述

Forsk 是一家位于法国图卢兹(Toulouse)的软件工程公司，自 1987 年成立以来一直致力开发无线规划工具。1997 年，基于其在无线网络规划工具 10 年的经验，Forsk 推出了基于 PC 的无线网络规划工具 Atoll，将现代软件设计技巧的专业应用所带来的优势和功效引入到无线网络设计市场。2000 年，Forsk 推出了全球第一种可商务购买的 3G 规划工具——Atoll 3G 模块。2001 年，Atoll 是市场上第一种具有 2G/3G 共网规划功能的无线网络规划工具。2003 年，Forsk 已经成为欧洲 UMTS 无线网络规划工具市场的领导者。目前，Atoll 正用于设计全球最大型的 UMTS 网络，而且正逐步被其在欧洲、美国、南美洲、日本、澳洲、中国和其他亚洲国家的遍及全球的客户和合作伙伴用于指导 CDMA 网络设计，其中包括重量级的运营商和设备供货商，如阿尔卡特、华为、和记、北电、Vodafone 等。

本训练将重点掌握 Atoll 软件的安装和常用功能。

训练环境和设备

(1) 硬件：计算机。

(2) 软件：Atoll 软件，由法国 Forsk 公司出品。

训练要求

(1) 准备相关的安装文件，可以通过国际互联网到 Forsk 的官方网站联系下载 Atoll 软件。本书以 2.6 版本作为示例。

(2) 掌握 Atoll 软件的安装方法。

(3) 掌握软件的常用功能。

训练步骤

01 运行安装文件“Atoll. us. 2. 6. 0. 2011. exe”，进入软件安装的欢迎界面，如图 1. 1. 1 所示。

02 单击“Next>”，进入安装路径设置界面，如图 1. 1. 2 所示。

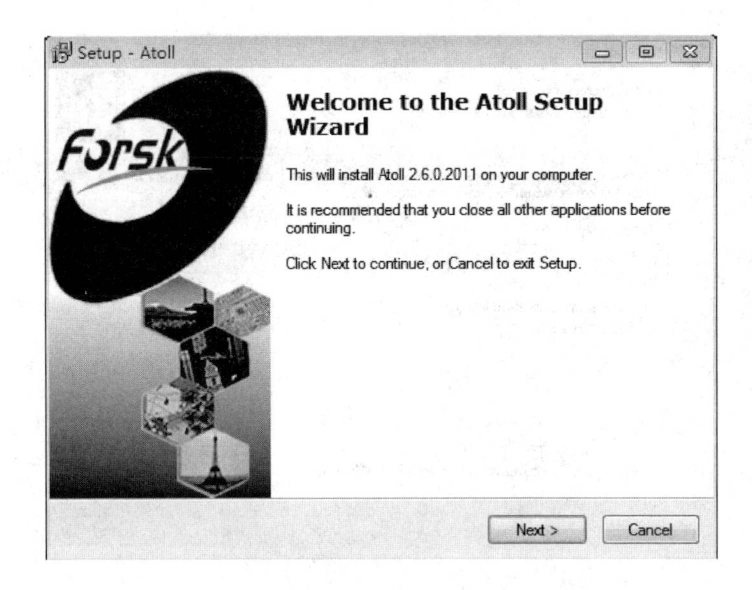

图 1.1.1　Atoll 软件的安装欢迎界面

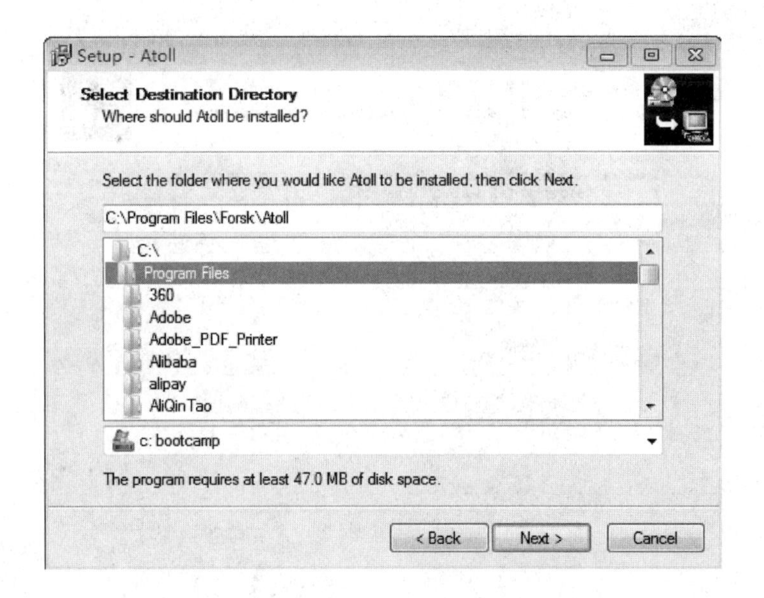

图 1.1.2　Atoll 安装路径设置

03 在图 1.1.2 中使用默认安装路径进行安装，单击“Next>”进入软件功能模块选择安装界面，如图 1.1.3 所示。

04 在图 1.1.3 中使用默认选项，安装全部模块，单击“Next>”进入软件注册信息界面，如图 1.1.4 所示。

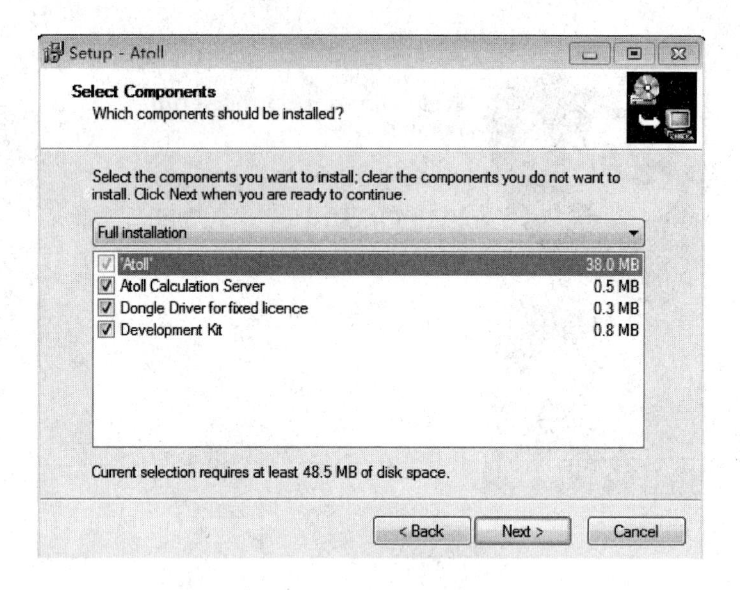

图 1.1.3　软件功能模块选择界面

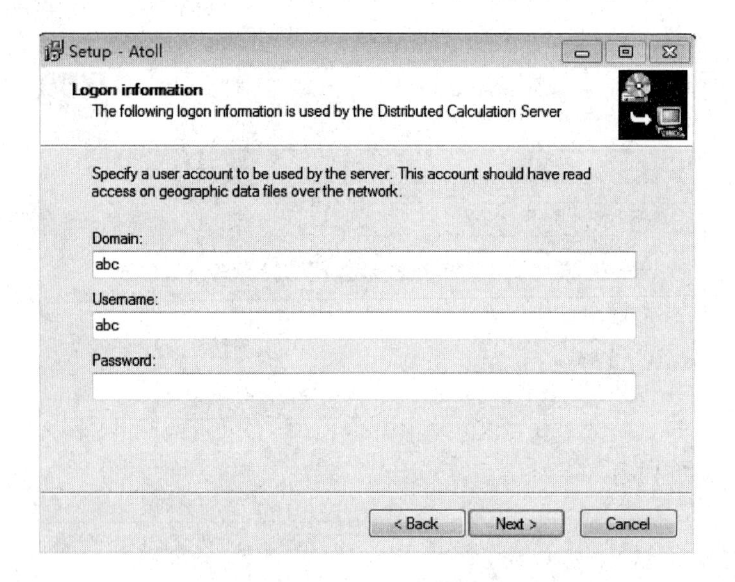

图 1.1.4　注册信息安装界面

05 输入合适的账号和密码,按缺省选项连续两次单击“Next>”进入软件准备安装界面,如图 1.1.5 所示。

06 单击“Install”进入软件安装界面,如图 1.1.6 所示。

07 最后出现如图 1.1.7 所示界面,单击“Finish”即可结束软件安装。

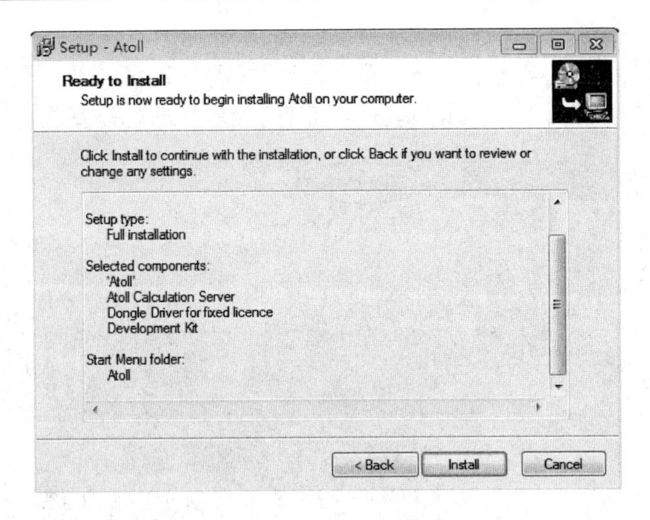

图 1.1.5　软件准备安装界面

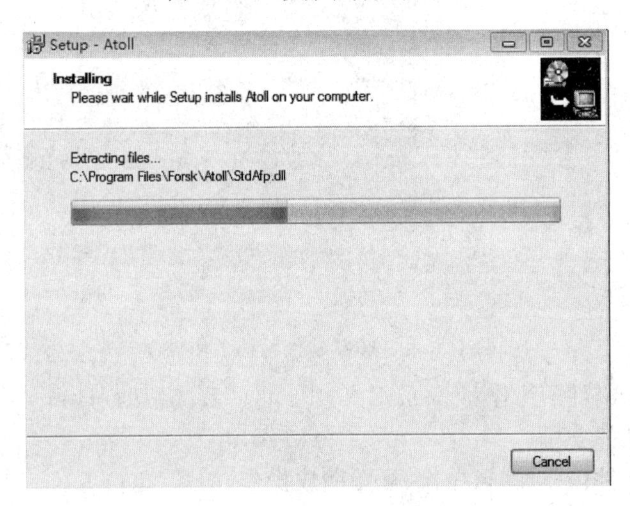

图 1.1.6　软件安装界面

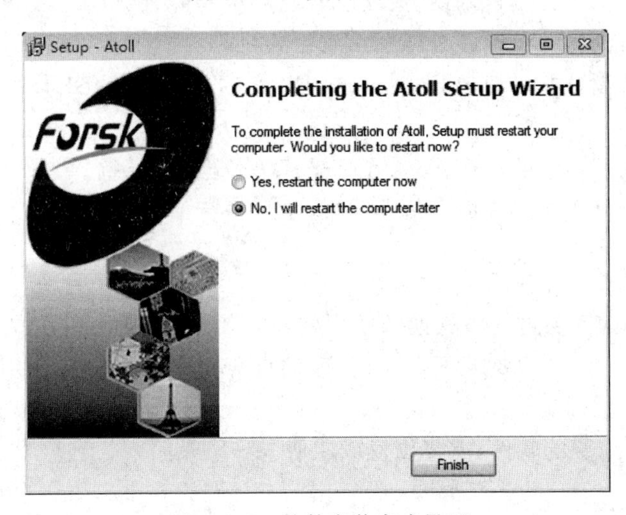

图 1.1.7　软件安装完成界面

训练测试

启动软件，进入如图 1.1.8 所示的软件界面，则表示软件已经安装完毕。

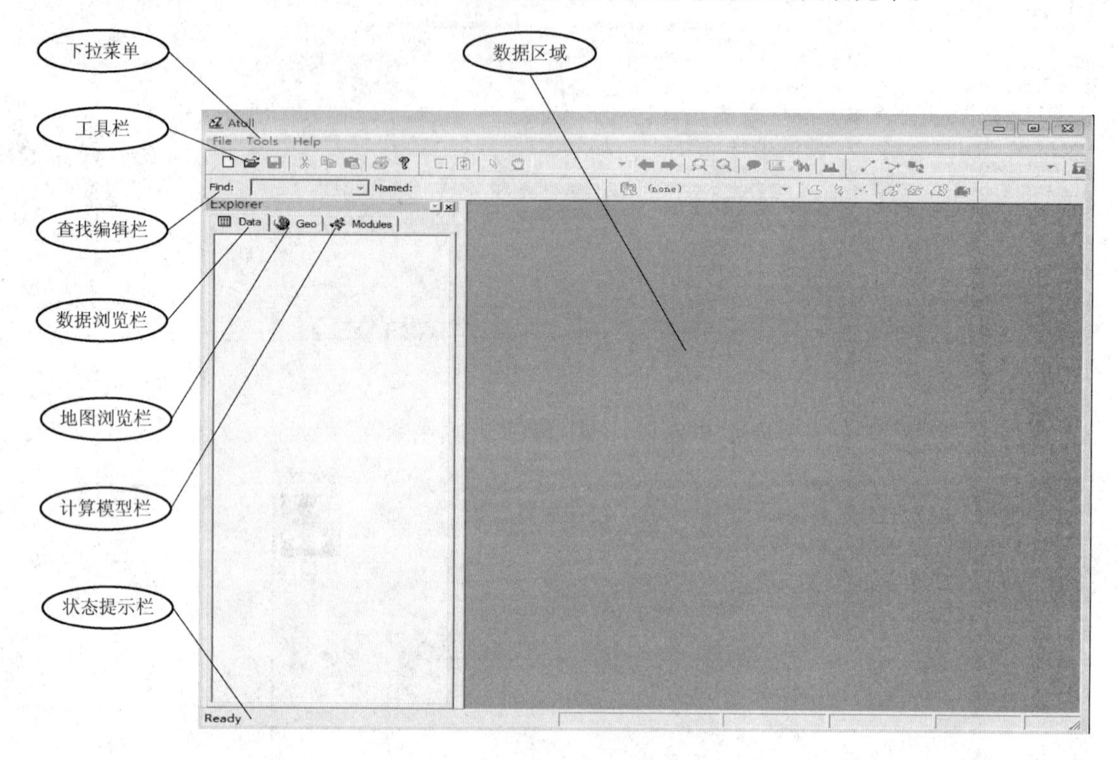

图 1.1.8 Atoll 软件系统工作界面

下拉菜单：包括文件的操作(File)、工具(Tools)、系统帮助(Help)。注意：随着模块的调入，还会增加相应的菜单。

工具栏：包括文件操作、编辑操作、视图缩放操作、测量、定位等。

查找编辑栏：包括查找、图形编辑等操作。

数据浏览栏：可浏览并编辑基站、天线、扇区、小区等配置数据。

地图浏览栏：可浏览并编辑各种地图信息。

计算模型栏：可浏览并可编辑 Cost-Hata、Erceg-Greenstein (SUI)等各种仿真预测模型的详细数据。

状态提示栏：提示系统的运行状态、光标坐标等数据。

数据区域：用于显示地图数据和仿真结果，并可进行编辑。

训练小结

(1) Atoll 软件的安装过程跟其他的应用软件安装过程类似。

(2) Atoll 软件对硬件的要求不高，在一般的计算机中均可安装使用，因此可以在家用计算机安装和使用，增加实际操作的机会。

(3) Atoll 不是免费的软件，需要授权或注册。

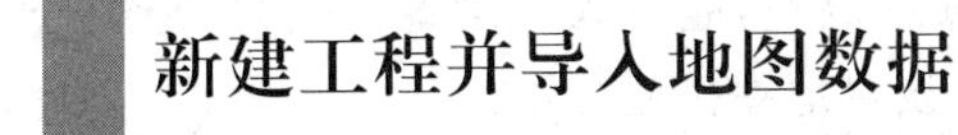

任务二　新建工程并导入地图数据

训练描述

在 Atoll 中，建立一个无线网络规划工程并进行网络规划、仿真、生成报告的步骤如下：①新建工程；②导入三维地图；③选择坐标系；④导入网络数据；⑤传播模型使用与校正；⑥传播计算及生成覆盖图；⑦网络容量估算；⑧蒙特卡罗（Monte Carlo）仿真；⑨生成其他覆盖预测图；⑩生成报告；⑪邻小区分配；⑫PN 码分配。

可见，在 Atoll 中要进行无线网络规划，首先要新建工程文件，并将工程所在的地图信息导入。这就要求用户理解 Atoll 无线网络规划的流程，掌握工程文件的建立方法，并理解无线网络规划所需要的三维地图文件的构成，掌握三维地图信息的使用方法。

本训练将以 cdma2000 项目为例子，重点掌握 cdma2000 项目的规划流程以及三维地图信息的导入和设置方法，如图 1.2.1 所示。

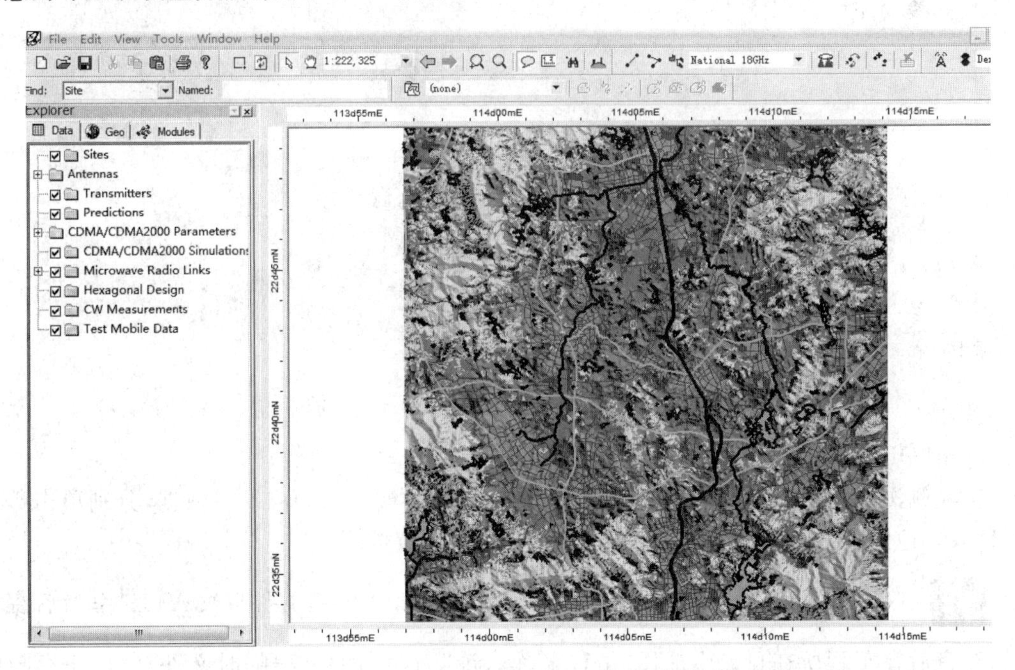

图 1.2.1　建立 cdma2000 工程并导入地图信息后的系统界面

训练环境和设备

（1）硬件：计算机。

（2）软件：Atoll 软件，由法国 Forsk 公司出品。

训练要求

（1）准备相关的工程地图信息，以本书随书的电子资源作为示例。

（2）掌握 cdma2000 无线规划工程项目的建立过程。

（3）掌握三维地图信息的导入流程，能导入高度地图信息、地物分类地图信息、矢量地图信息，并能根据地图信息文件设置地图投射显示。

训练步骤

01 新建工程。打开 Atoll 程序后，在如图 1.2.2 所示的界面中单击“File”→“New”菜单。Atoll 会自动打开一个空白的模板工程，选择“CDMA2000 1x RTT 1xEVDO”。模板工程中已经包含了天线数据库和有关设备参数的缺省值。

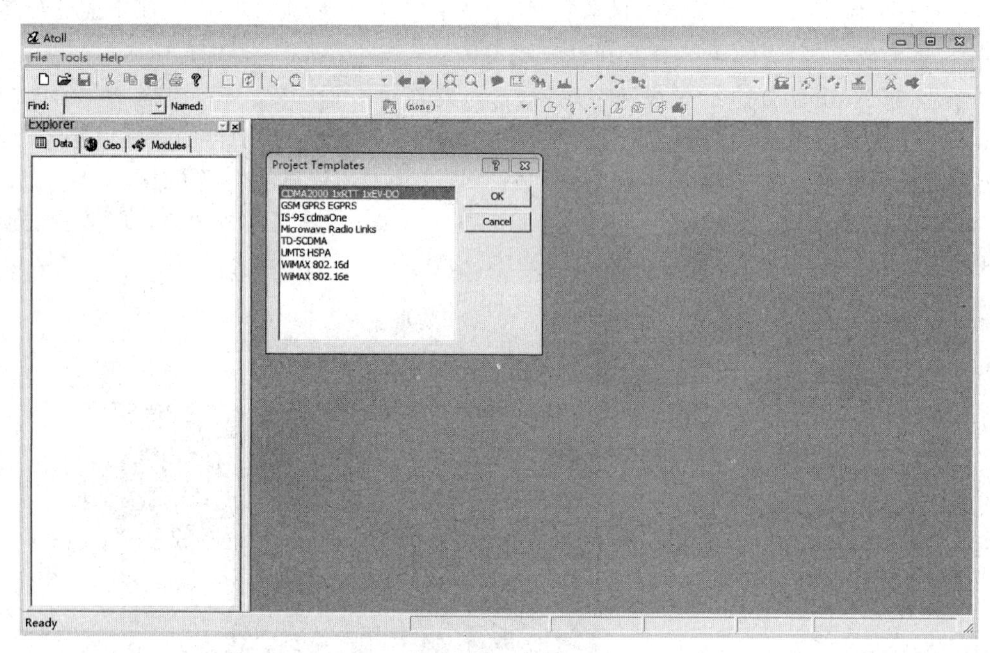

图 1.2.2　选择 cdma2000 规划模块界面

单击“OK”后，进入如图 1.2.3 所示的工作界面。

在左侧浏览窗口(Explorer)自动加载了 cdma2000 模块的相应缺省数据，分别单击数据栏(Date)、地图栏(Geo)、模型栏(Modules)，可查看缺省数据。

02 工程存盘。单击存盘按钮，将工程存盘。Atoll 工程文件以“.ATL”作为后缀命名。存盘后在工程所在目录生成以“工程名.losses”为命名的工程临时文件夹，用于存放临时工程数据。

03 导入 Heights 地图。一般地，需要导入 Atoll 中的三维地图数据包括：Heights(海拔高度地图)、Clutter Classes(地物分类地图)和 Vector(矢量地图)。导入次序不限，本书按海拔高度地图→地物分类地图→矢量地图的顺序导入。

一般地，地图信息至少包含 3 个文件夹，分别为地物分类信息(Clutter)、高度信息(Height)、矢量信息(Vector)。每一个文件夹包含 3 个以上文件，分别为引导文件(Index)、投影信息文件(Projection)、一个或多个地图数据文件。

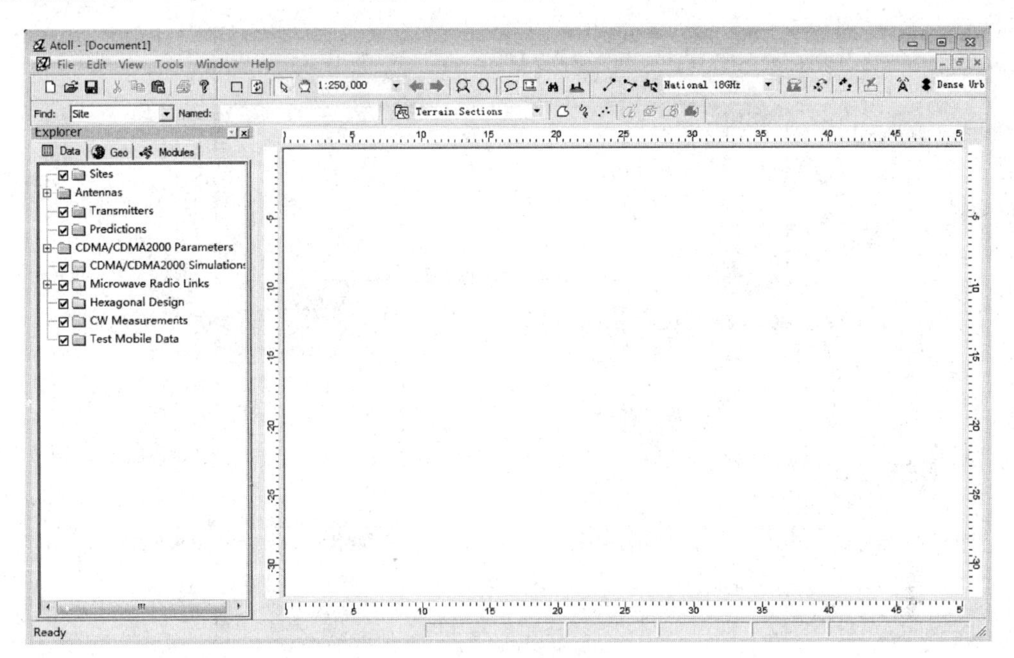

图 1.2.3　工作界面

选择菜单“File”→“Import”,如图 1.2.4 所示。

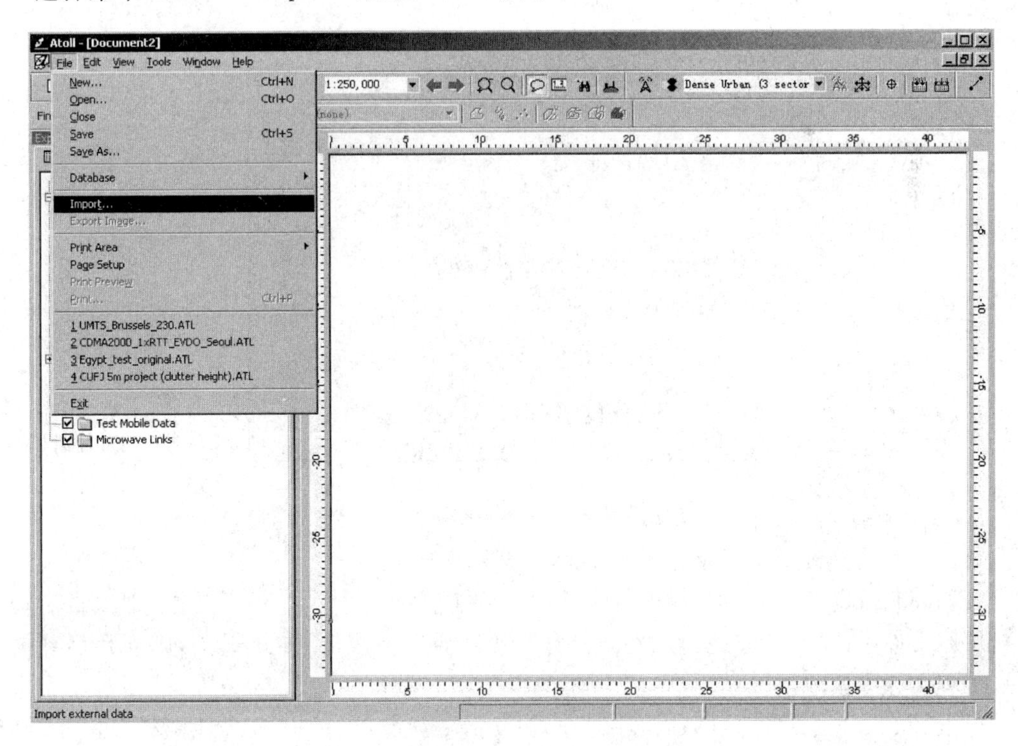

图 1.2.4　导入界面

在弹出的“打开”对话框中,选择位于随书电子资源“\atoll\ Digital Map for Atoll\

heights”目录下的高度数据文件夹，如图 1.2.5 所示。

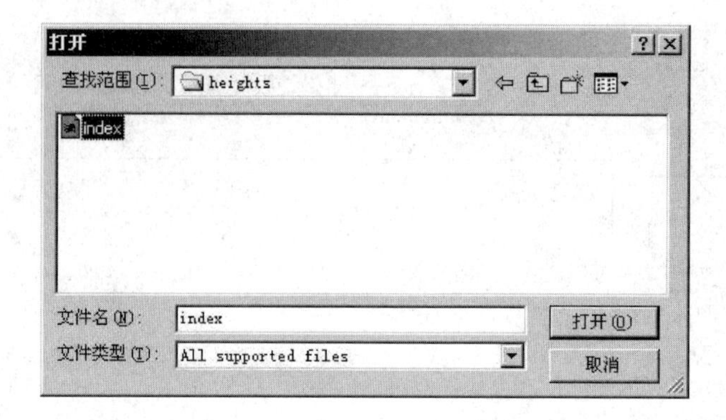

图 1.2.5 导入海拔高度信息界面

提示

用记事本打开 index 文件，可查看引导文件 index 的内容为：SHENZEN_dem_1_1 186280.0 216280.0 2497820.0 2527820.0 20.0。

这表明，SHENZEN_dem_1_1 为要引导的同目录下高度信息文件名。横坐标范围为 186 280.0～216 280.0 m，纵坐标范围为 2 497 820.0～2 527 820.0 m，像素精度为 20 m。

在图 1.2.5 中选择 index 文件，单击“打开”。在弹出的数据类型(Data type)对话框中选择“Altitudes”，如图 1.2.6 所示。

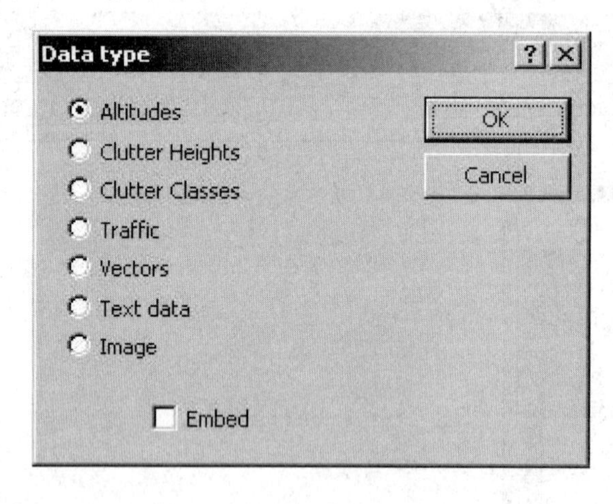

图 1.2.6 选择高度信息界面

数据类型选择键用于指定导入数据的类型。

“Embed”指定是否将地图数据复制并嵌入到工程文件中。如果不选中，则项目启动时重新从原文件中读取，若原地图文件路径有改变则导入不成功；如果选中，则项目启动时直接从工程文件中读取。

单击“OK”，导入高度地图信息。在 Explorer 浏览窗口，单击 Geo 地图栏，可查看到位于“Digital Terrain Model”文件夹下有“SHENZEN_dem_1_1”图示，如图 1.2.7 所示。

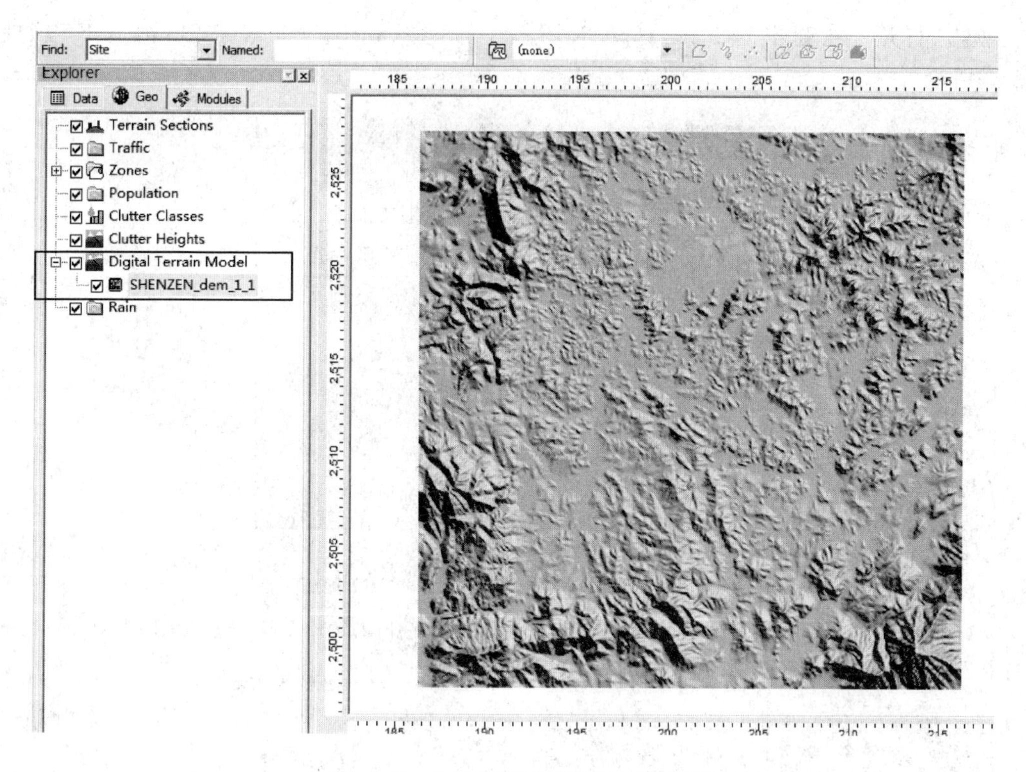

图 1.2.7　导入海拔高度信息后的界面

提示

如“SHENZEN_dem_1_1”图标前面的钩不选中，则可在右侧数据区域屏蔽 SHENZ-EN_dem_1_1 所含的地图信息。

04 导入地物分类地图。再次选择菜单“File”→“Import”，在“打开”对话框中，选择本书随书的电子资源“\atoll\Digital Map for Atoll\clutter”目录下的地物分类数据文件夹，如图 1.2.8 所示。

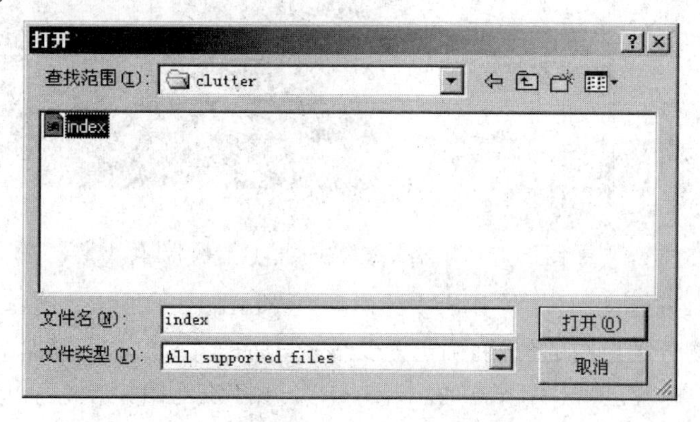

图 1.2.8　导入地物分类信息界面

单击“打开”，在弹出的 Data type 对话框中选择“Clutter Classes”，单击“OK”，如图 1.2.9 所示。

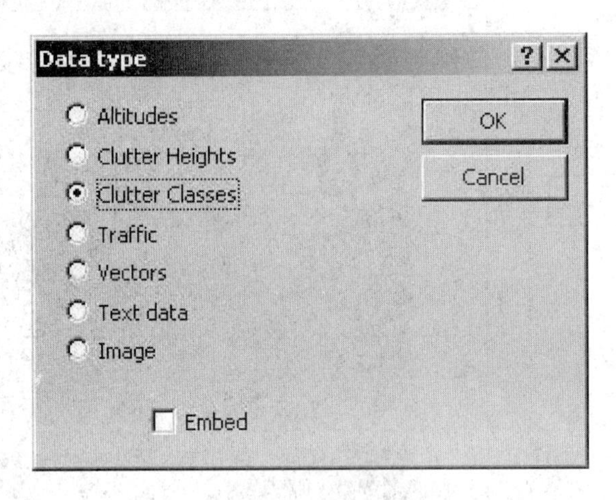

图 1.2.9　选择 Clutter Classes 界面

地图导入后，Clutter Classes 地图会被自动存放在 Atoll 界面左边的“Explorer”→“GEO”栏里面的 Clutter Classes 标签下，如图 1.2.10 所示。

图 1.2.10　导入地物分布信息后的界面

双击 Clutter Classes 图标，打开地物分类属性 Clutter Classes properties 对话框，在该对话框中设置地物分类地图的属性，确定各具体类型的地物分布对网络规划的影响。打开描述(Description)标签，单击右下方的“Refresh”，可将该地图中不包含的地物类型过滤。除了序号(Code)和地物名称(Name)之外，每种地物各参数都会被自动设置为缺省值(Default Values)，如图 1.2.11 所示。

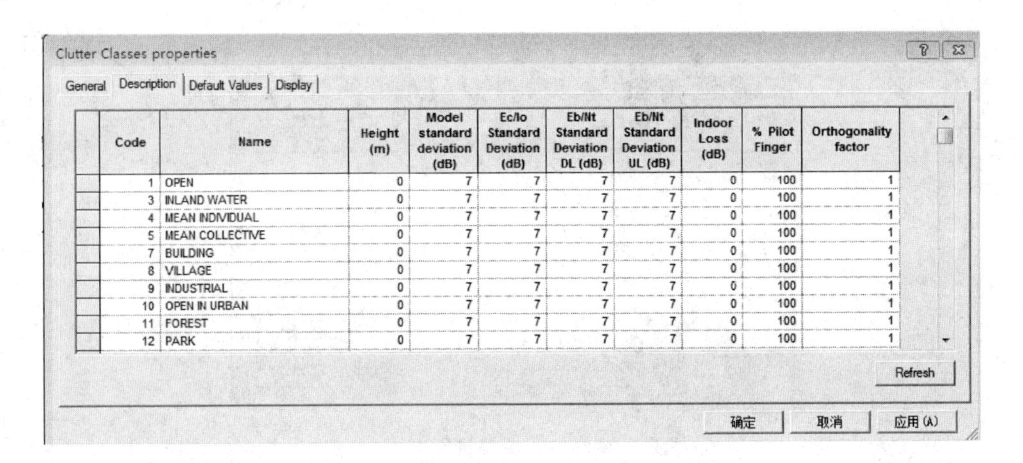

Code	Name	Height (m)	Model standard deviation (dB)	Ec/Io Standard Deviation (dB)	Eb/Nt Standard Deviation DL (dB)	Eb/Nt Standard Deviation UL (dB)	Indoor Loss (dB)	% Pilot Finger	Orthogonality factor
1	OPEN	0	7	7	7	7	0	100	1
3	INLAND WATER	0	7	7	7	7	0	100	1
4	MEAN INDIVIDUAL	0	7	7	7	7	0	100	1
5	MEAN COLLECTIVE	0	7	7	7	7	0	100	1
7	BUILDING	0	7	7	7	7	0	100	1
8	VILLAGE	0	7	7	7	7	0	100	1
9	INDUSTRIAL	0	7	7	7	7	0	100	1
10	OPEN IN URBAN	0	7	7	7	7	0	100	1
11	FOREST	0	7	7	7	7	0	100	1
12	PARK	0	7	7	7	7	0	100	1

图 1.2.11　地物类型属性设置界面

缺省值的用途是当工程中没有导入地物分类地图的情况下，可以定义整网在 Description 标签中各参数的缺省值。如果选择了左下角的仅采用用户缺省值（User default values only）选项，那么即使在前面的 Description 标签中定义了各地物的参数，Atoll 也只会采用该标签中的缺省值。

在显示（Display）标签中设置每种地物的显示颜色。应注意显示类型（Display Type）和域（Field）的设置。图 1.2.12 是建议的设置。单击每个图例（Legend）前面的颜色框，就可以为每个地物设置不同的颜色，如图 1.2.12 所示。

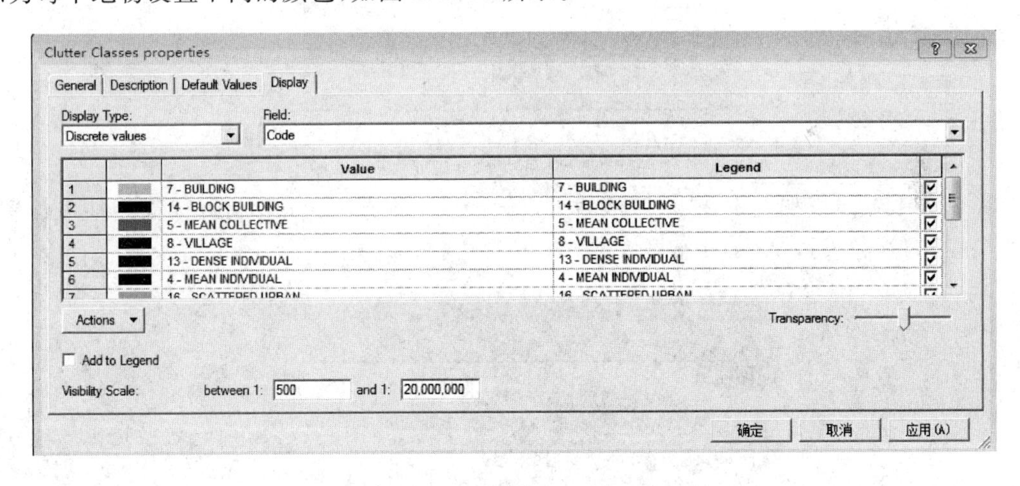

	Value	Legend
1	7 - BUILDING	7 - BUILDING
2	14 - BLOCK BUILDING	14 - BLOCK BUILDING
3	5 - MEAN COLLECTIVE	5 - MEAN COLLECTIVE
4	8 - VILLAGE	8 - VILLAGE
5	13 - DENSE INDIVIDUAL	13 - DENSE INDIVIDUAL
6	4 - MEAN INDIVIDUAL	4 - MEAN INDIVIDUAL
7	16 - SCATTERED URBAN	16 - SCATTERED URBAN

图 1.2.12　地物类型显示设置界面

如果将一个或多个地物分类右边复选框中的钩去掉，那么这个地物将会在地图上变成透明的。

同时将左下角的添加到图例（Add to Legend）选上，这样方便以后调出地物的图例；调整透明（Transparency）条可以调整地图颜色深浅。

05 导入矢量地图。再次选择菜单“File”→“Import”，在“打开”对话框中，选择位于随书电子资源“\atoll\ Digital Map for Atoll\vector”目录下的矢量数据文件夹，如图

1.2.13 所示。

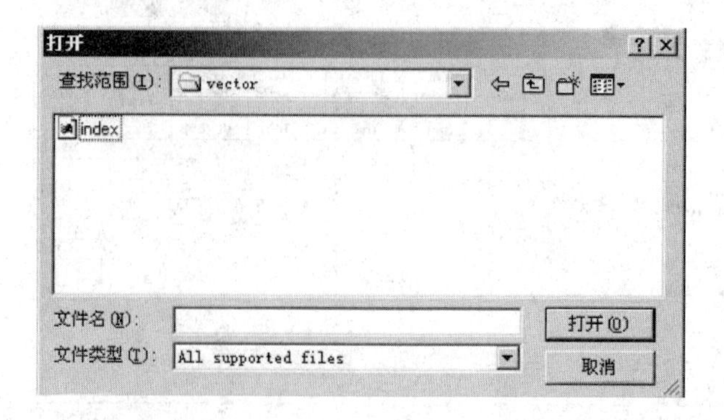

图 1.2.13　导入矢量地图界面

选择引导 index 文件，单击“打开”。在弹出的数据类型对话框中选择“Vectors”，单击“OK”，如图 1.2.14 所示。

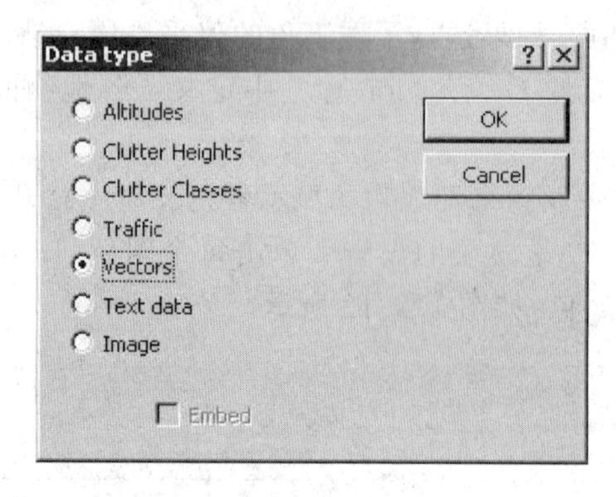

图 1.2.14　选择 Vector 界面

单击“OK”，弹出如图 1.2.15 所示的矢量导入（Vector Import）对话框，采用缺省设置，单击“Import”（导入），Atoll 开始导入地图。

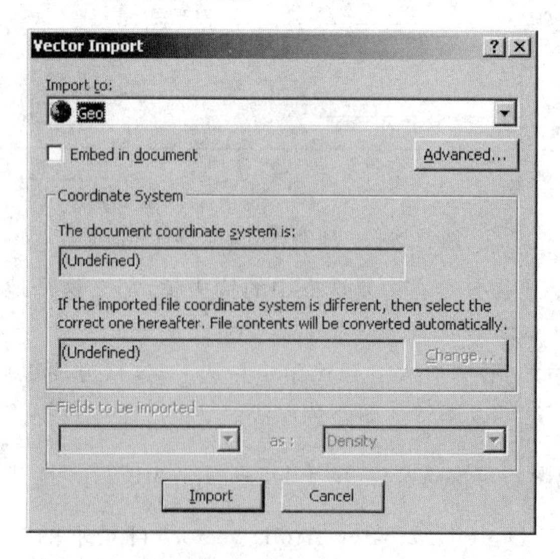

图 1.2.15　选择 Import 界面

Vector 地图会被自动存放在 Atoll 界面左边的“Explorer”→“Geo”标签里面新创建的 Vectors 文件夹下，如图 1.2.16 所示。

图 1.2.16　导入 vector 数据后的界面

Atoll 地图数据使用层叠式结构，上面的图层会遮挡下面的图层。为了观察矢量地图数据不被其他图层遮挡，可用鼠标拖动 Vectors 文件夹至最顶层，使 Vector 地图在工作窗口中显示在最上层，并分别将地物分类地图、海拔高度地图拖动到第二层和第三层，如图 1.2.17 所示。

图 1.2.17　将三维地图移动到上三层后的效果

双击 Vectors 文件夹下的第一个铁路(RAILWAY)矢量分布标签，打开其属性对话框并打开 Display 标签，如图 1.2.18 所示。

单击中间设置该 vector 显示的横线，打开 Display 对话框如图 1.2.19 所示，在该对话框中可以设置 RAILWAY 的线条颜色和粗细，如图 1.2.19 所示。

图 1.2.20 是修改颜色和线条的一个例子，可清楚看到铁路的分布情况。

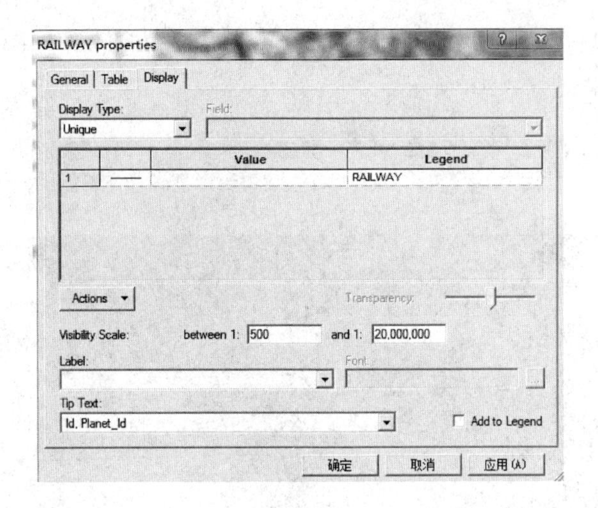

图 1.2.18　铁路矢量属性显示设置

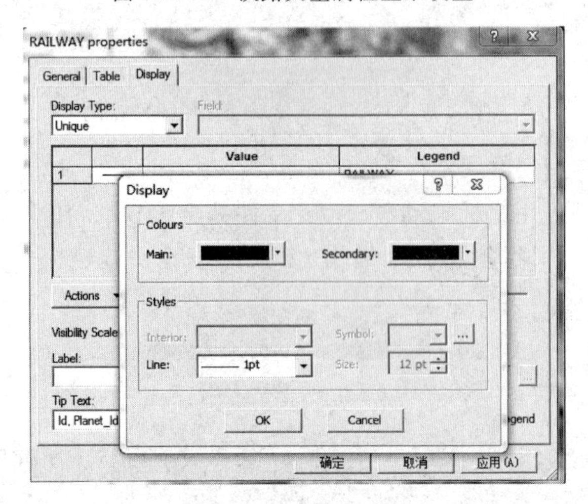

图 1.2.19　设置属性线形和颜色

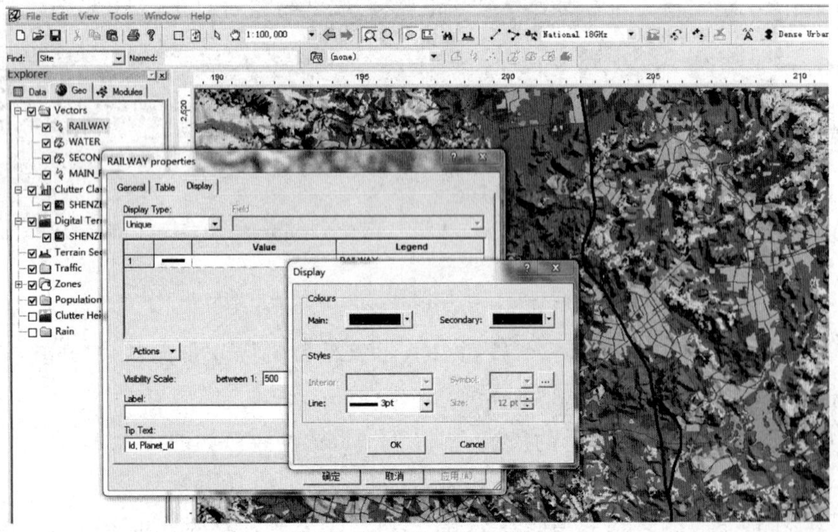

图 1.2.20　铁路分布情况

按同样操作可修改其他 vector 标签的显示设置，最终地图显示如图 1.2.21 所示。可清楚地观察图上纵横交错的矢量分布情况。

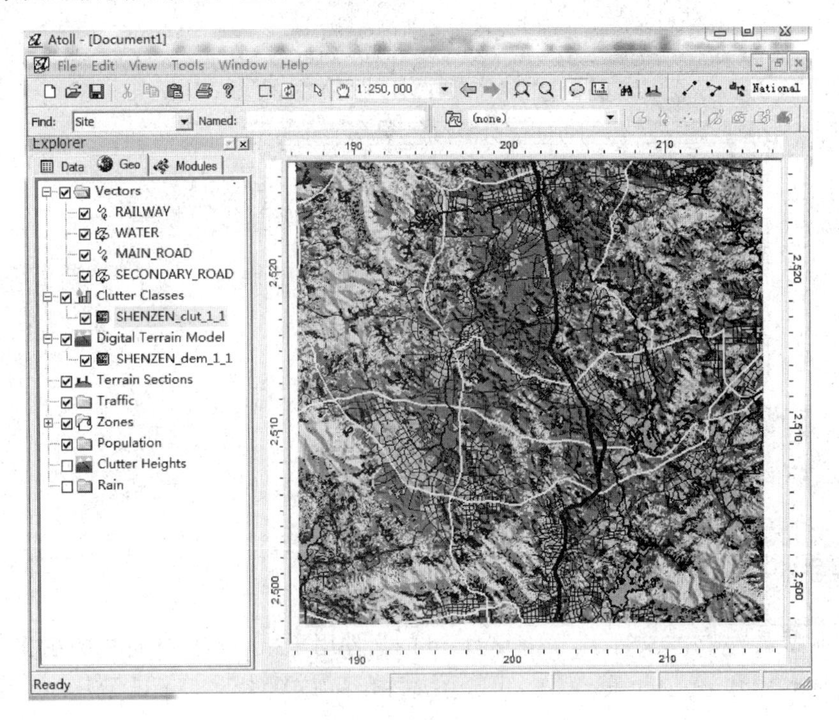

图 1.2.21　矢量地图显示设置情况

06 选择坐标系。选择 Atoll 菜单“Tools”→“Options”，打开的 Options 对话框如图 1.2.22 所示，可设置投影系统和显示系统。

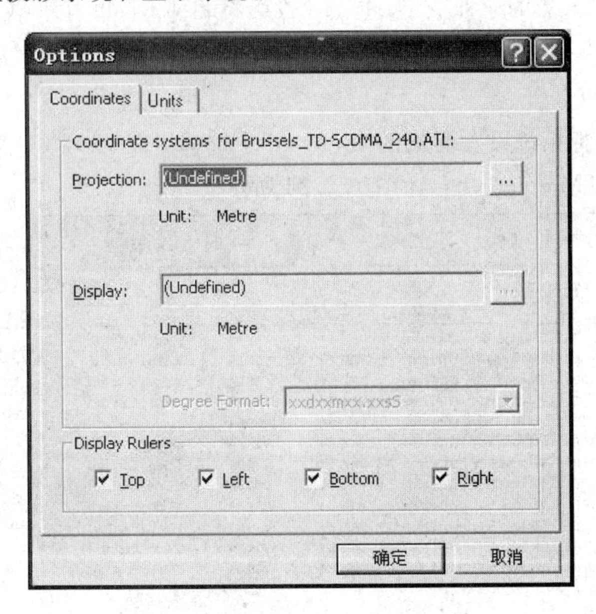

图 1.2.22　选择坐标系界面

单击图 1.2.22 Projection(投射)标签右边的“…”图标,进入坐标系统设置界面,如图 1.2.23 所示。

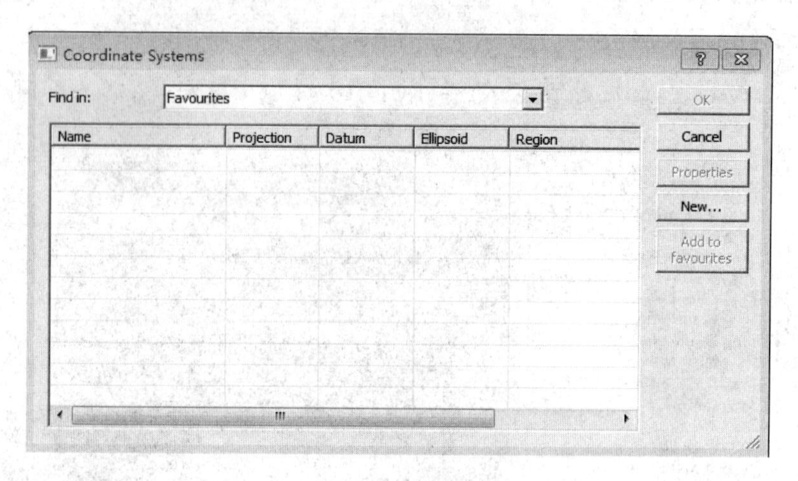

图 1.2.23 坐标系统设置

提示

三维地图文件夹中,文件名为 projection 的文件用于指定地图文件的投射坐标信息。

用记事本打开 projection 文件,可查看其内容为:WGS84 50 UTM 0.000000 117.000000 500000 0。

这表明,采用 WGS84 UTM 地球坐标系统,坐标号为 50N。

UTM 投影全称为“通用横轴墨卡托投影”,是一种等角横轴割圆柱投影,圆柱割地球于南纬 80°、北纬 84°两条等高圈,被许多国家用作地形图的数学基础,如中国采用的高斯-克吕格投影就是 UTM 投影的一种变形。UTM 投影将北纬 84°和南纬 80°之间的地球表面积按经度 6°划分为南北纵带(投影带)。从 180°经线开始向东将这些投影带编号,从 1 编至 60(北京处于第 50 带)。

在图 1.2.23 坐标系统设置界面的“Find in”中选择 “WGS84 UTM zones” 类型,然后再选择 WGS 84/UTM zone 50N,如图 1.2.24 所示。

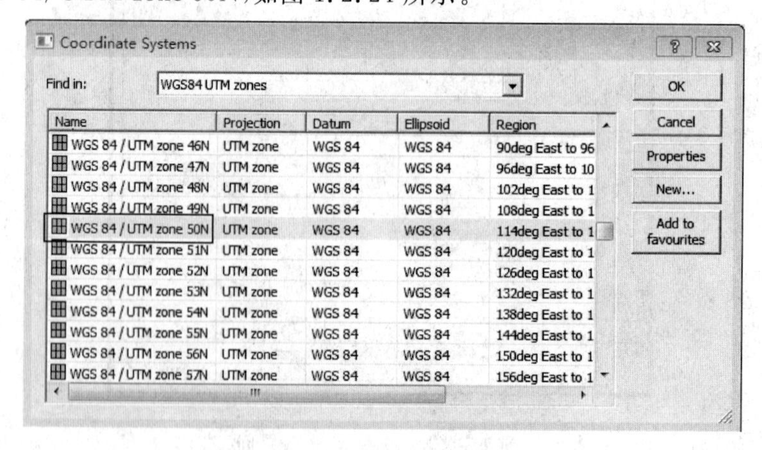

图 1.2.24 坐标系统投射选择界面

单击“OK”，返回如图 1.2.25 所示的坐标系统设置界面。

Options
Coordinates | Units
Coordinate systems for gz
Projection: WGS 84 / UTM zone 50N ...
Datum: WGS 84
Ellipsoid: WGS 84
Projection: UTM zone
Display: WGS 84 / UTM zone 50N ...
Datum: WGS 84
Ellipsoid: WGS 84
Projection: UTM zone
Degree Format: xxdxxmxx.xxsS
Display Rulers
Top Left Bottom Right
确定 取消

图 1.2.25　坐标系统设置界面

设置 Display 系统。Display 系统的作用是使地图窗口四周的标尺显示的坐标为相对坐标（*X* 和 *Y*，单位为米）或经纬度（Longitude 和 Latitude）。当设置了 Projection 系统后，Atoll 自动设置 Display 系统为与 Projection 一样的系统，如图 1.2.25 所示。此时地图窗口的标尺显示的是相对坐标。如果想 Atoll 显示的是经纬度，则需要重新设置 Display 系统。

单击 Display 行右边的“…”，再次打开 Coordinate system 对话框，在“Find in”中选择 WGS 84 UTM zones 类型，并选择最上面的 WGS 84（前面有椭球性符号），设置后如图 1.2.26 所示。

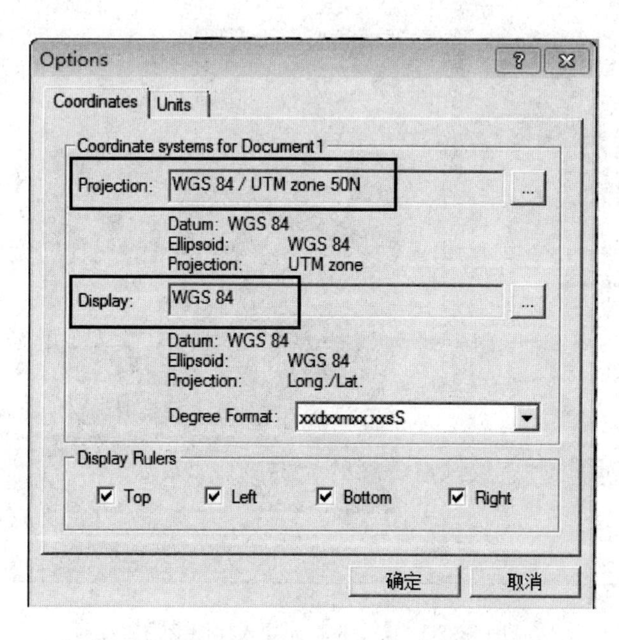

图 1.2.26　设置显示系统，选择 WGS 84

图 1.2.26 是设置了坐标系统后在工作窗口中的经纬度显示。其中 d 表示度，m 表示分，s 表示秒。

用户还可以根据使用习惯，在读数格式“Degree Format”栏选择显示的坐标系统为××d××m××.××sS(度分秒)格式，或××.××××sS(十进制的度，最后的 N 表示北半球，S 表示南半球)格式，或－××.×××××(十进制的度，以负号表示南半球)格式。

注意：在中国，比较多用户使用“Planet index”格式的地图，即每组地图数据文件夹中有一个 index 文件。对于这种地图，一般使用的坐标系统是 Atoll 中的亚太平洋(Asia-Pacific)类型里面的“Beijing 1954 /Gauss-Kruger”系统，如北京地图，project 系统可以选择“Beijing 1954/Gauss-Kruger 20N”，如图 1.2.27 所示。

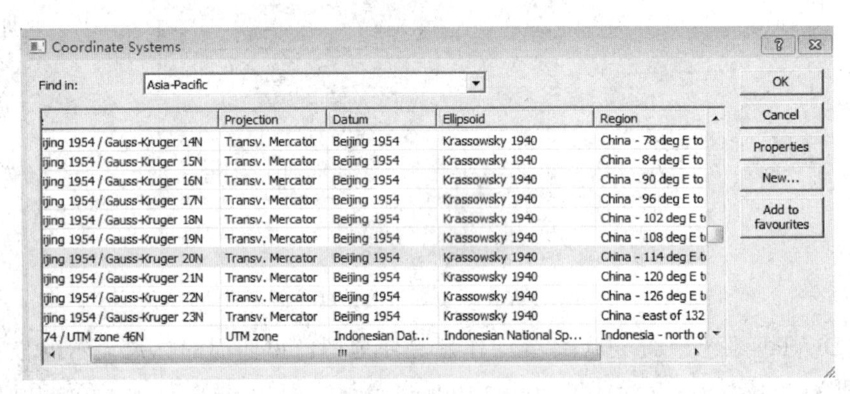

图 1.2.27　Display 系统选择 Beijing 1954

训练测试

新建 cdma2000 项目工程，将三维地图数据依次导入，按照要求设置坐标系统，如图 1.2.28 所示。

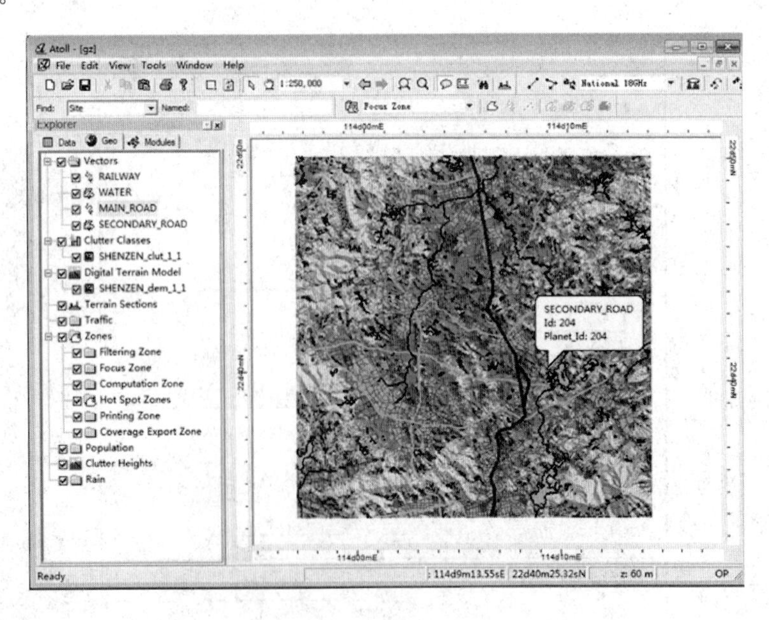

图 1.2.28　操作并验证导入地图后的效果

(1) 单击上侧工具栏的相关键进行视图缩放、平移,距离测量等操作,熟悉 Atoll 的相关命令和操作。

(2) 将鼠标移到数据区域的相应位置,观察右下角坐标的变化。

训练小结

(1) 无线网络规划软件 Atoll 需要导入的三维地图数据一般包括海拔高度地图、地物分类地图和矢量地图。

(2) 坐标系统的设置要查看地图文件里面的投影信息文件 projection。

任务三 无线网络规划站点数据配置

训练描述

在 Atoll 中,数据配置有两种情况:

(1) 网络已经建立起来或有网络的基本数据,包括站点位置、天线数据等。

(2) 网络并未建立,需要在规划软件中从布站开始进行数据配置。

本书以第二种情况为重点来介绍。使用 Atoll 以及任何其他无线网络规划工具来进行网络规划工作,用户必须导入有关的无线网络数据,这些网络数据是:

(1) 基站(Site),包括站点位置、海拔高度和基站配置的信道单元 CE 数量;

(2) 天线(Antenna),Atoll 在计算的时候会根据天线的水平、垂直波瓣图计算相应的损耗,连同天线增益一起参与路径损耗计算;

(3) 扇区(Transmitters),包括每个扇区的天线类型、方向角、倾角、智能天线及其他设备、计算时所使用的传播模型、计算精度等;

(4) 小区(Cells),即扇区中的每个载频,包括每个载频对应的各种信道功率值、时隙配置和扰码分配结果。

配置各网络数据需要按一定顺序进行,顺序一般是:

Sites→Antenna→Transmitters→Cells

本训练示例创建站型为 S1\1\1 的基站(3 个扇区,每扇区 1 个载频),如图 1.3.1 所示。重点掌握 Site、Antenna、Transmitters、Cells 的配置流程。

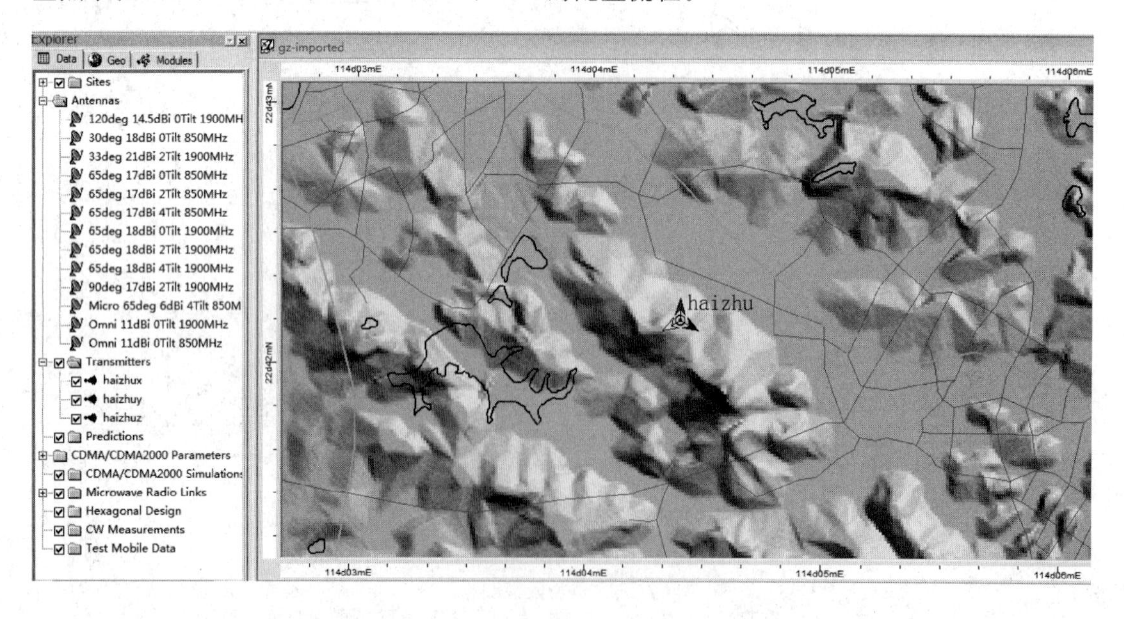

图 1.3.1 配置 S1/1/1 站型

训练环境和设备

(1) 硬件:计算机。

(2) 软件:Atoll 软件,由法国 Forsk 公司出品。

训练要求

(1) 掌握 Site 站点数据配置。

(2) 掌握 Antenna 数据设置。

(3) 掌握 Transmitters 数据设置。

(4) 掌握 Cells 数据配置。

训练步骤

01 Site 站点数据配置。打开前一任务所建立的工程,在数据浏览窗口单击 Data 栏→Sites 图标,鼠标右键选择"New",出现如图 1.3.2 所示新建站点 Site 的配置界面。

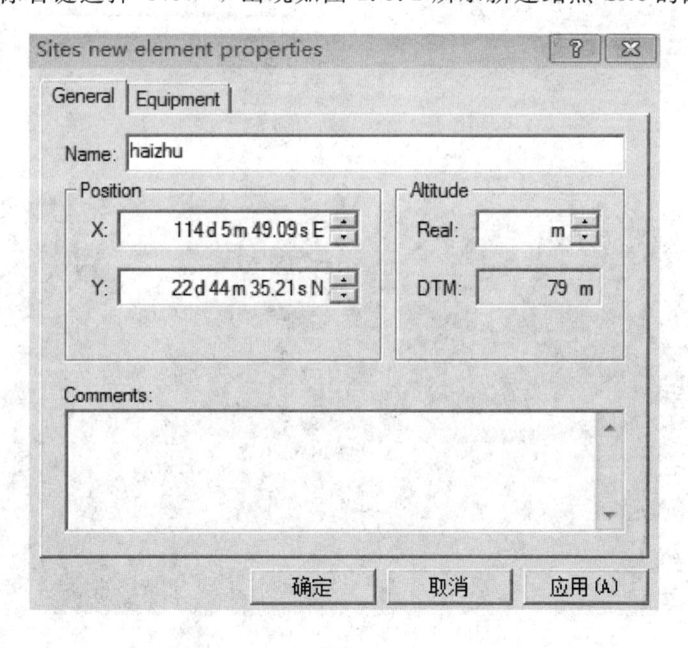

图 1.3.2 创建站点配置界面

Name:指定站点 Site 名称。

Position:指定坐标。

Altitude: DTM 为所在位置的地面海拔高度,灰色,不能修改;Real 指定基站海拔高度。单击 Equipment 栏,配置基站设备信息,如图 1.3.3 所示。

在 Equipment 栏选择基站设备型号,然后指定该设备能提供的每载波信道单元 CE 数,包括下行链路 CE 数、上行链路 CE 数、1xEVDO 业务 CE 数。确定后,基站创建如图 1.3.4 所示。

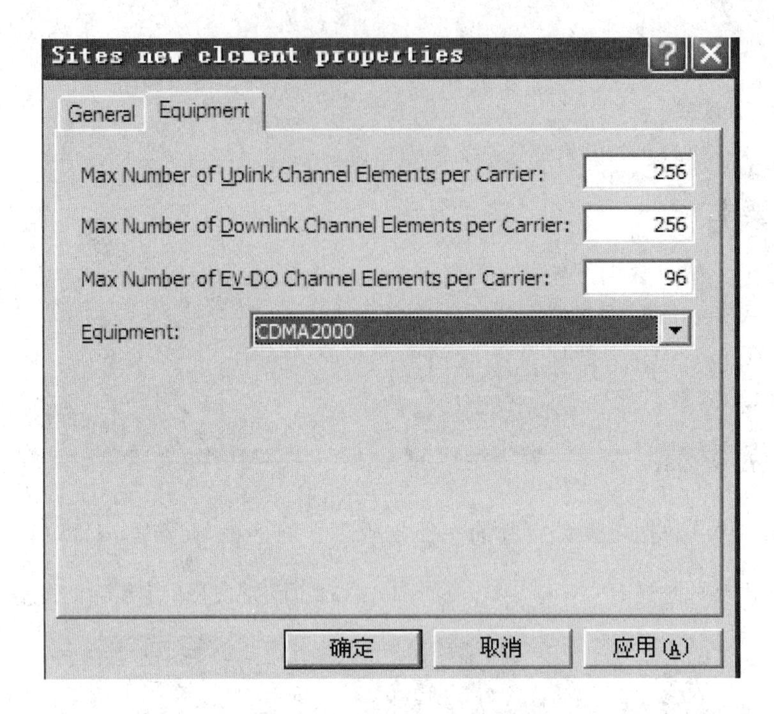

图 1.3.3　基站设备配置

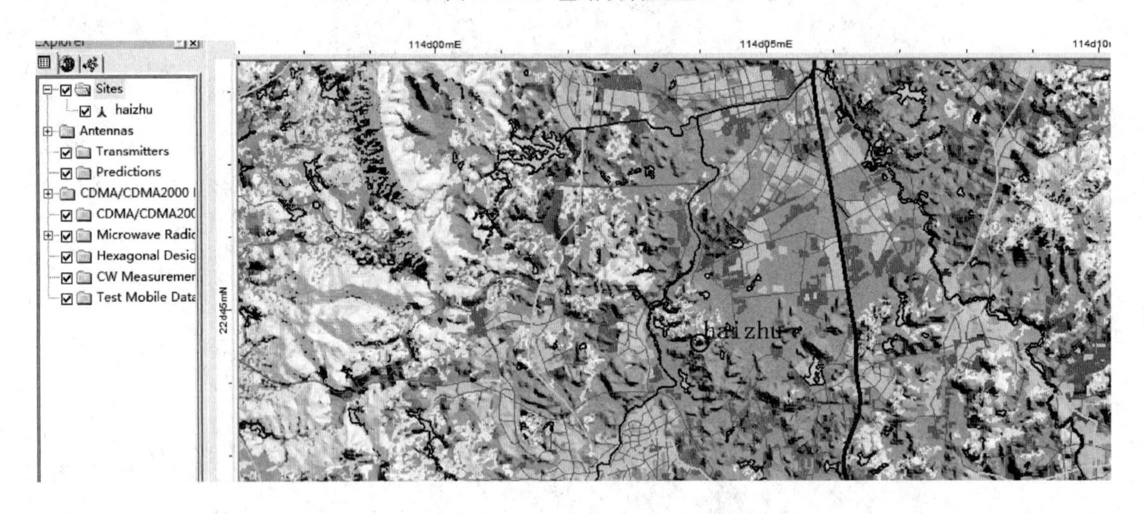

图 1.3.4　创建基站(haizhu)

02 Antenna 数据设置。在数据浏览窗口单击 Data 栏，右键打开 Antennas，选择"New"选项，在随之打开的窗口中对天线的名称、水平/垂直波瓣、增益等相应属性进行设置，如图 1.3.5 所示。

Name：指定天线名称。

Manufacturer：指定制造商。

Gain：指定天线增益。

Pattern Electrical Tilt：指定电子下倾角。

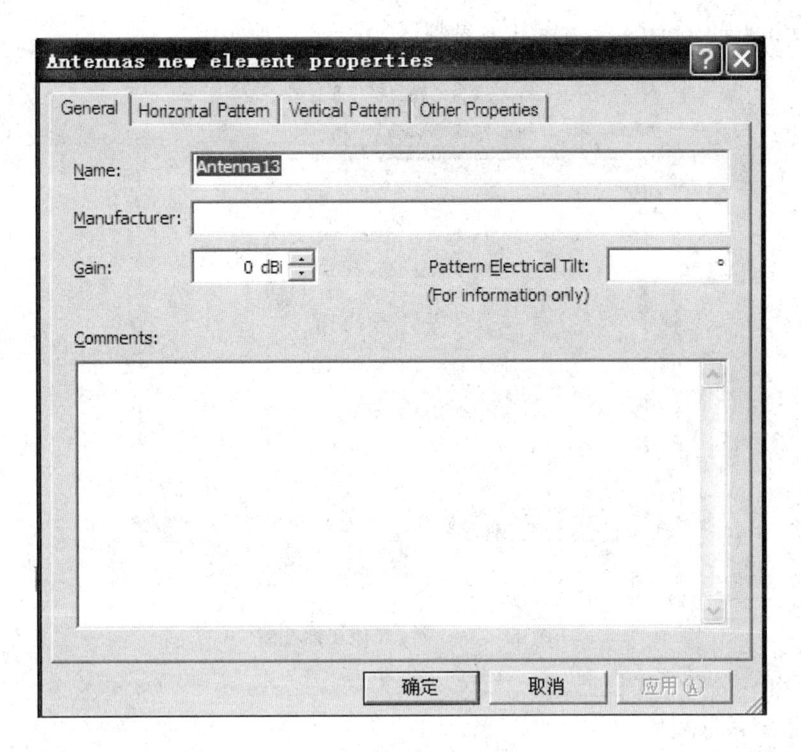

图 1.3.5　天线基本配置

分别选择水平模型(Horizontal Pattern)栏、垂直模型(Vertical Pattern)栏指定天线的水平波瓣图和垂直波瓣图,如图 1.3.6 所示。

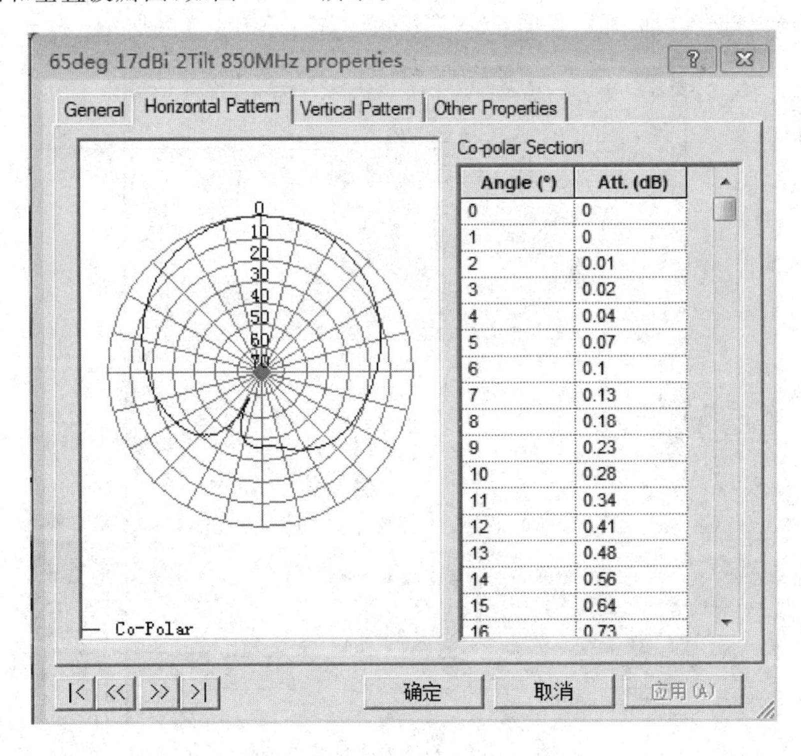

图 1.3.6　天线波束宽度配置

选择“Other Properties”，指定其他参数，如图 1.3.7 所示。

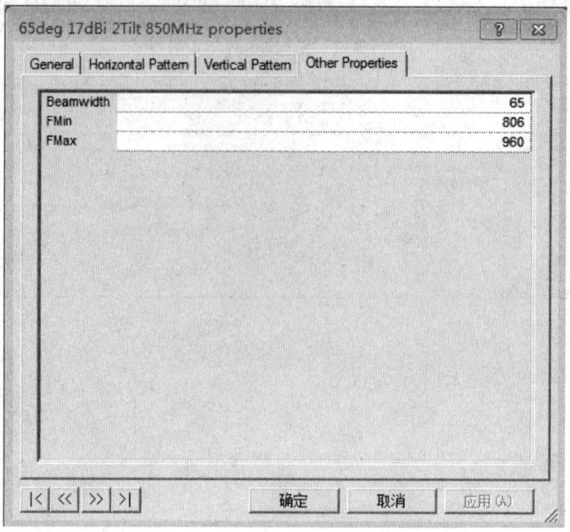

图 1.3.7　天线其他属性配置

Beamwidth：指定天线带宽。

FMin：指定最低频率。

FMax：指定最高频率。

03 Transmitters 数据设置。在数据浏览窗口单击 Data 栏，右键打开 Transmitters，选择“New”选项，进入扇区配置界面，选择“General”栏，如图 1.3.8 所示。

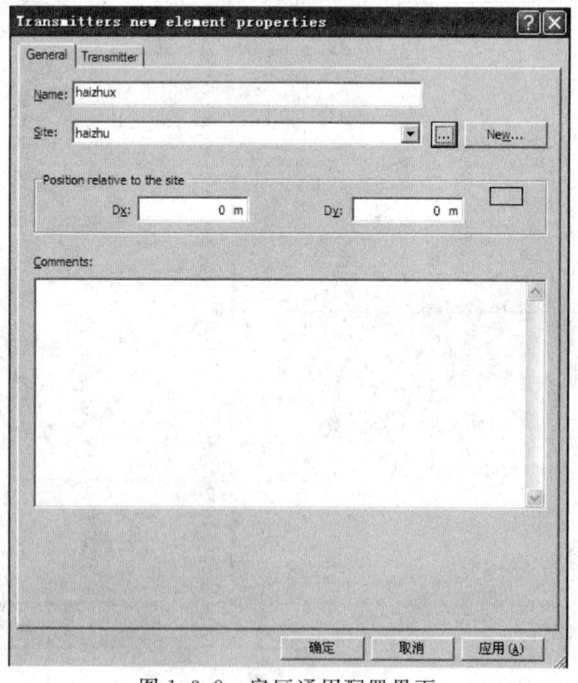

图 1.3.8　扇区通用配置界面

Site:指定扇区所在的基站,可下拉选择。

Name:指定扇区名称。

Dx,Dy:指定扇区偏离站点的位移。

选择"Transmitter"栏,进入扇区详细配置界面,如图 1.3.9 所示。

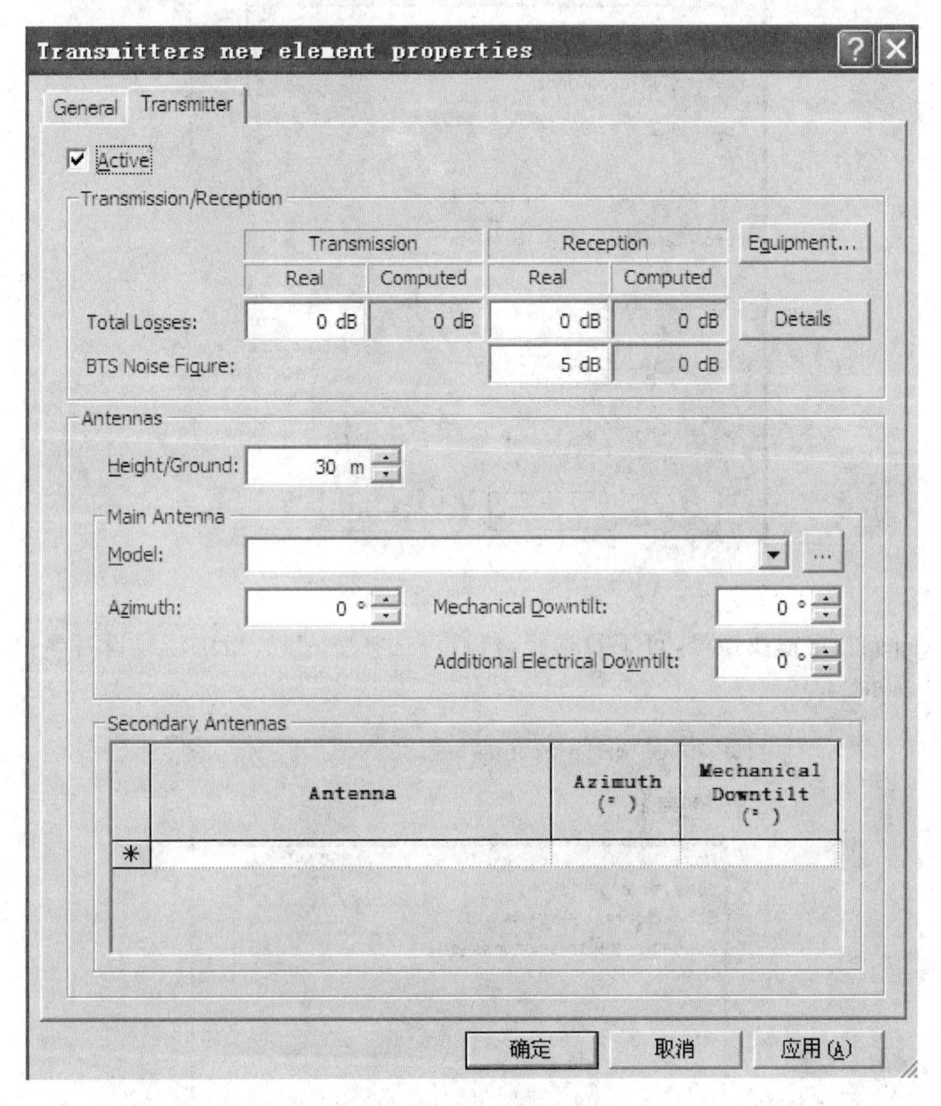

图 1.3.9　扇区详细配置

Active:确定该扇区是否激活。

Transmission/Reception:指定天馈发射和接收的损耗情况。其中,Computed 为计算值,Real 为仿真采用值,可根据情况,仿真采用值可以与计算值不一致。选择"Equipment…"进入天馈设备具体配置界面,如图 1.3.10 所示。

TMA:指定是否选择塔顶放大器设备,可下拉选择,然后可选择"…"栏,指定塔顶放大器的设备指标。

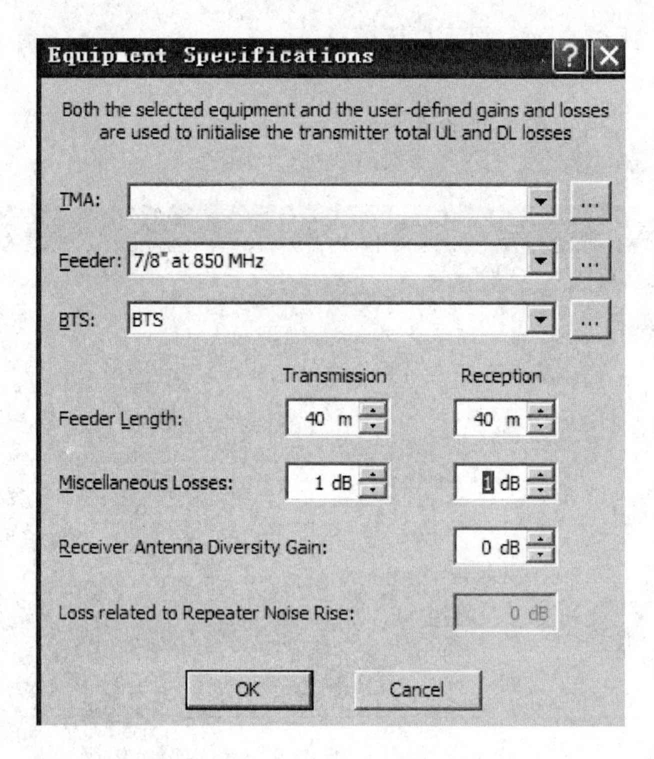

图 1.3.10　天馈设备配置

Feeder：指定馈线型号，可下拉选择，然后可选择“…”栏，指定馈线设备参数，如图 1.3.11 所示。

7/8" at 850 MHz properties

Properties

Name	7/8" at 850 MHz
Loss per length (dB/m)	0.04
Connector reception loss (dB)	0.5
Connector transmission loss (dB)	0.5

确定　取消　应用(A)

图 1.3.11　馈线参数配置

图 1.3.11 单击“确定”后，回到图 1.3.10 天馈设备配置界面，其他参数指标定如下所示。

BTS：指定基站设备，可下拉选择，然后可选择"…"栏，指定设备参数指标。

Feeder Length：指定馈线长度。

Miscellaneous Losses：指定其他损耗，如软跳线损耗等。

Receiver Antenna Diversity Gain：指定其他增益。

Loss related to Repeater Noise Rise：指定直放站引起的损耗。

提示

关于塔放和直放站设备：

塔放(TMA)是一种无线信号单向放大器，可用于解决前向覆盖满足而反向覆盖弱的情景，常安装在铁塔顶上，反向信号经过塔放设备放大后再进入基站接收机。一个典型的塔放设备的增益指标如下：

接收增益：12 dB　发送损耗：0.5 dB

直放站(Repeater)是一种无线信号双向放大器，可用于解决前向和反向覆盖都比较弱的情景。一个典型的直放站的增益指标如下：

接收增益：12 dB　发送增益：12 dB

在图 1.3.10 天馈设备配置界面单击"OK"后，回到 Transmitter 详细配置界面，继续其他配置，如图 1.3.12 所示。

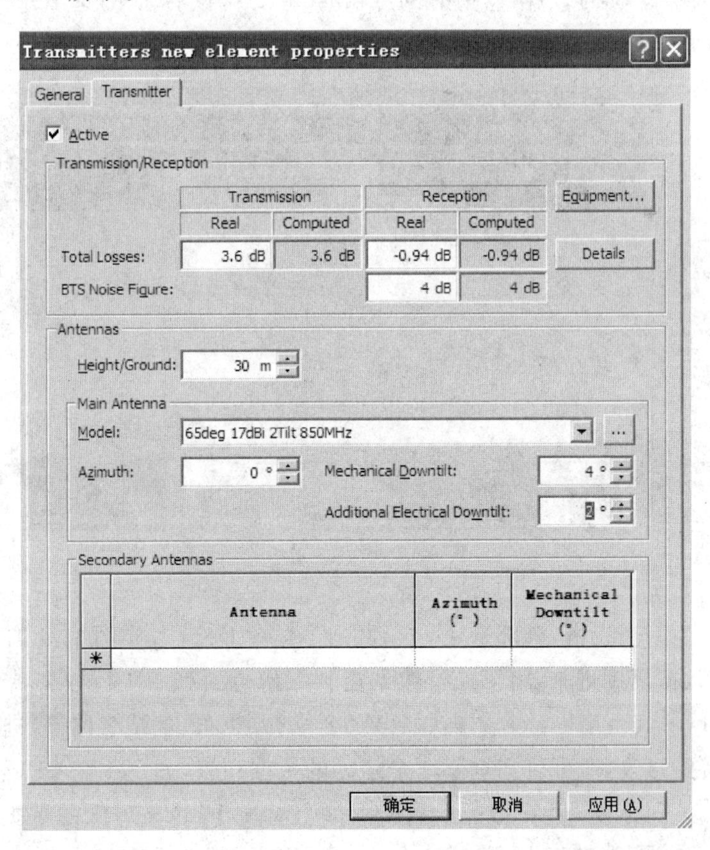

图 1.3.12　扇区详细配置

Antenna 栏：指定天线型号和相关参数。天线有主天线，也可有辅助天线。

Height/Ground：指定天线离地面挂高。

Model：指定主天线型号，可下拉选择，本案例选择波束宽度为 65°、增益为 17 dBi 的天线。

Azimuth：指定主天线方位角。各个扇区的方位角应按照实际情况配置，如三扇区天线方位角可分别为 0°、120°、240°。

Mechanical Downtilt：指定机械下倾角。

Additional Electrical Downtilt：指定额外的电子下倾角。

FMax：指定最高频率。

04 其他 Transmitters 的批量配置。可依步骤 3 的方法，依次配置第 2 和第 3 扇区，不过这种方法对于需要配置大量扇区时相当繁琐，效率低。采用开放表(Open Table)方法可迅速批量完成多个扇区的配置。

开放表提供了与微软办公软件 Excel 的友好对接，可以相互进行复制(Copy)和粘贴(Paste)操作，先将已经配置好的扇区数据复制，然后在 Excel 软件中粘贴进来，进行相应的修改，增加其他扇区的数据，再将数据复制到 Atoll 中去。

单击 Explorer 窗口的数据卡片中的 Transmitters，鼠标右键选“Open Table”，进入“Document：Transmitters”界面，如图 1.3.13 所示。

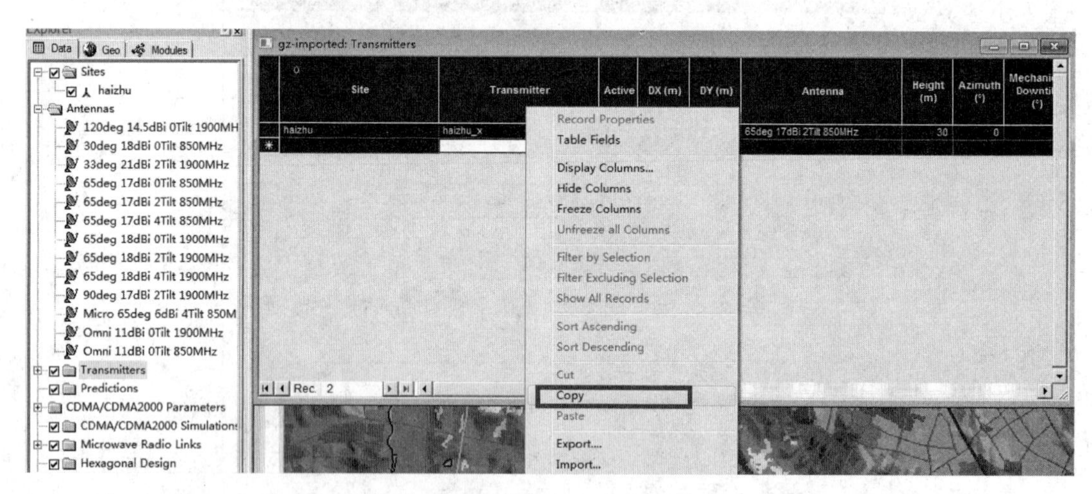

图 1.3.13　复制操作

该文档其实是一个表格，全部选中，然后右键选择“Copy”，如图 1.3.13 所示。接着在 Excel 表格中将数据复制进来，将第二行数据复制 2 份得到第 3、4 行数据，将第 3、4 行的数据简单进行编辑，将其余扇区部分数据(如扇区名称、方位角、基站名称等)进行修改，其余共同的数据则不需要修改，即可得到全部 3 个扇区的数据列表，如图 1.3.14 所示。

复制 Excel 表中的第 3、4 行数据。(注：第 2 行为 haizhu_x 扇区的数据，在 Atoll 中已经配置完毕)然后在图 1.3.13 所示“Transmitters”界面第 3 行表格最左空白格处，鼠标右键选择“Paste”，将 haizhu_y、haizhu_z 的扇区数据导入，如图 1.3.15 所示。

	A	B	C	D	E	F	G	H	I	J	K	L	M	N	O	
1	Site	Transmitt	Active	DX (m)	DY (m)	Antenna	Height (m	Azimuth (	Mechanica	Additiona	Transmiss	Receptior	BTS Noise	TMA Equip	Feeder E	BT
2	haizhu	haizhu_x	TRUE	0	0	65deg 17c	30	0	0	0	2.7	2.7	4		7/8" at 8	BT
3	haizhu	haizhu_y	TRUE	0	0	65deg 17c	30	120	0	0	2.7	2.7	4		7/8" at 8	BT
4	haizhu	haizhu_z	TRUE	0	0	65deg 17c	30	240	0	0	2.7	2.7	4		7/8" at 8	BT

图 1.3.14　在 Excel 中进行编辑得到全部三扇区数据

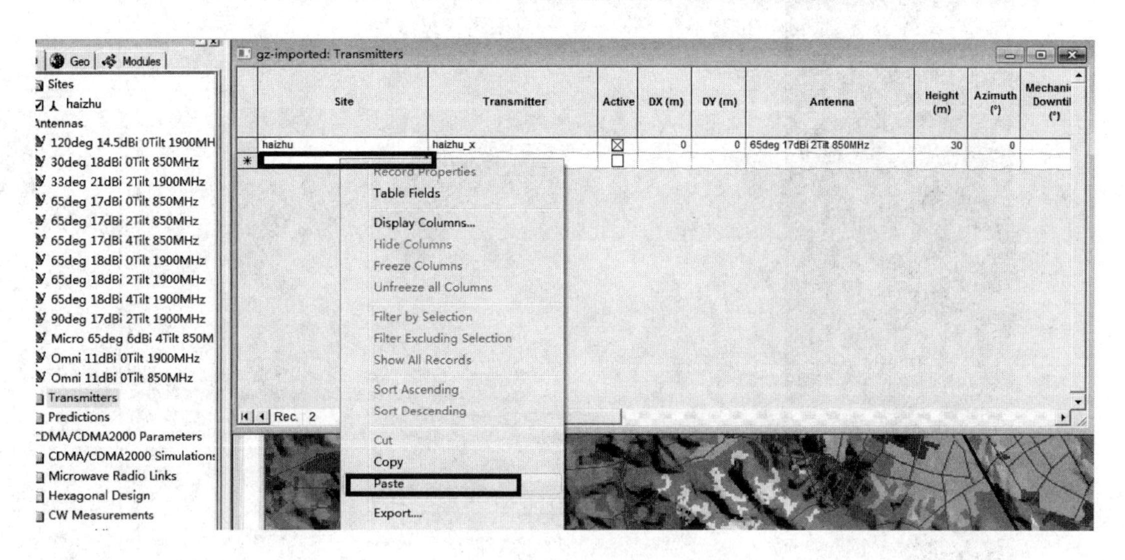

图 1.3.15　导入其他扇区的数据

成功导入后如图 1.3.16 所示。若导入不成功，则会有相应的提示，错误一般为格式不符合要求、命名重复等。

gz-imported: Transmitters

	Site	Transmitter	Active	DX (m)	DY (m)	Antenna	Height (m)	Azimuth (°)	Mechanical Downtilt (°)	Additional Electrical Downtilt (°)	Trans
	haizhu	haizhu_x	☒	0	0	65deg 17dBi 2Tilt 850MHz	30	0	0	0	
	haizhu	haizhu_y	☒	0	0	65deg 17dBi 2Tilt 850MHz	30	120	0	0	
▶	haizhu	haizhu_z	☒	0	0	65deg 17dBi 2Tilt 850MHz	30	240	0	0	
*			☐								

图 1.3.16　成功导入后的扇区配置列表

扇区颜色设置。数据浏览窗口单击 Data 栏→Transmitters 栏目下某一扇区（如 haizhu_x），在属性窗口的“Display”页面，设置该扇区的显示颜色，如图 1.3.17 所示。

在图 1.3.17 中，单击左下角的“≪”“≫”前进后退图标，可设置其他扇区的颜色。将扇区设置为不同的颜色，在做扇区覆盖情况仿真分析时扇区的覆盖显示将与扇区设置的显示颜色一致，这可便于分析和观察。

05 Cell 数据设置。右键打开“Transmitters”，选择“Cell”项下的“Open Table”，在打开的表格中设置名字（Name）、扇区、载波（Carrier）、最大功率（Max Power）、导频功率（Pilot Power）、业务信道功率（SCH Power）、其他公共信道功率（other CCH Power）和激活集门限（AS Threshold）等小区参数。

先下拉选择该小区所属扇区，如图 1.3.18 所示。

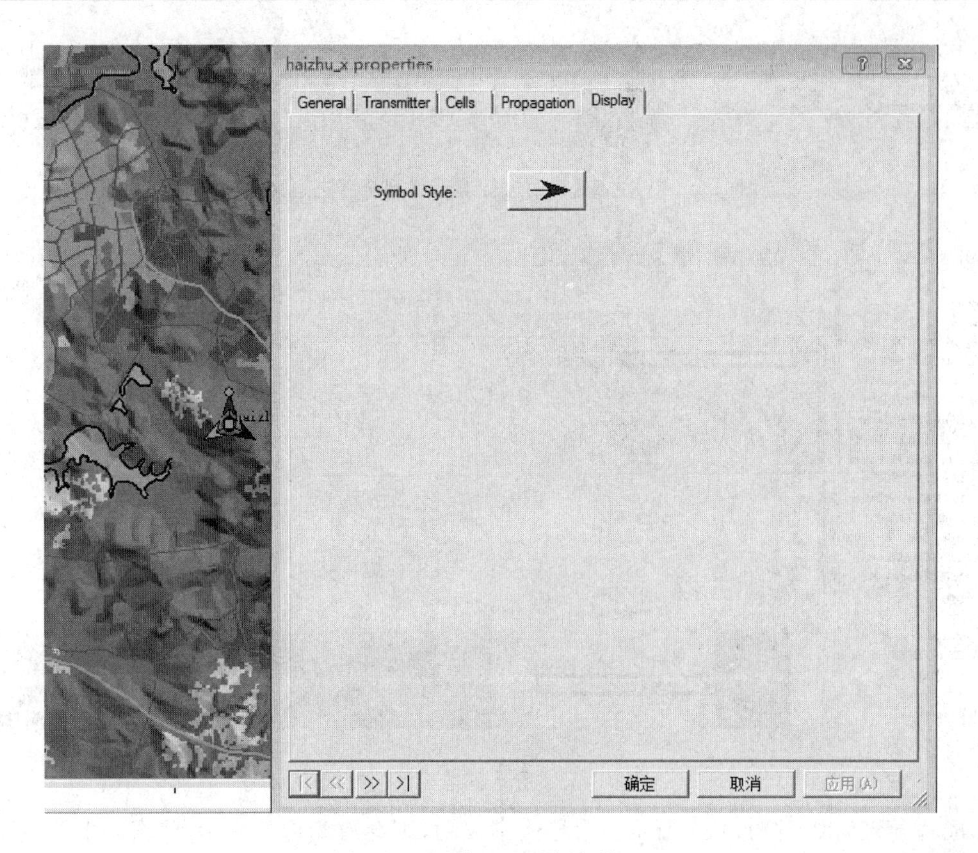

图 1.3.17　扇区显示颜色设置

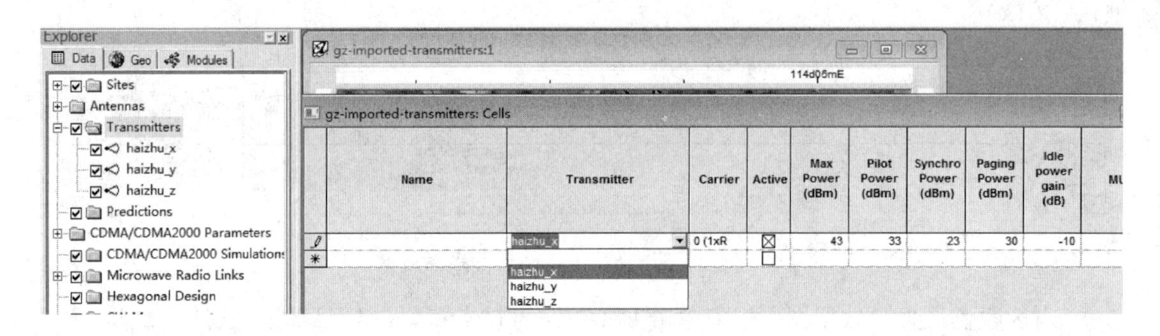

图 1.3.18　选择所属扇区

然后双击“Name”栏，进入小区的配置界面，如图 1.3.19 所示。

Name：指定小区的名称。

Transmitter：指定所属扇区。

Carrier：指定载波类型，可下拉选择，属于 1x 载波还是 DO 载波。

PN offset：指定 PN 码的数值、复用距离、所属的范畴。小区使用 PN 码来区分，因此，各小区的 PN 码数值应不同，若增量为 4，则可用的码值为：4，8，12，16…。

Transmission/Reception 栏，指定小区的功率、负载情况、导频信道功率、寻呼信道功率、同步信道功率、1xEVDO 业务的情况等信息。应根据具体情况配置，也可以采用缺省值，如图 1.3.20 所示。

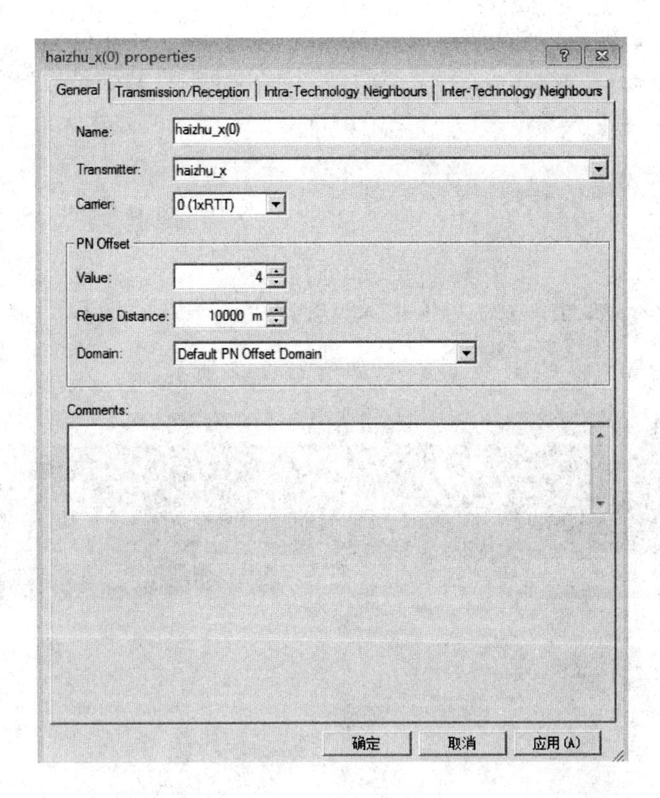

图 1.3.19　小区通用参数设置

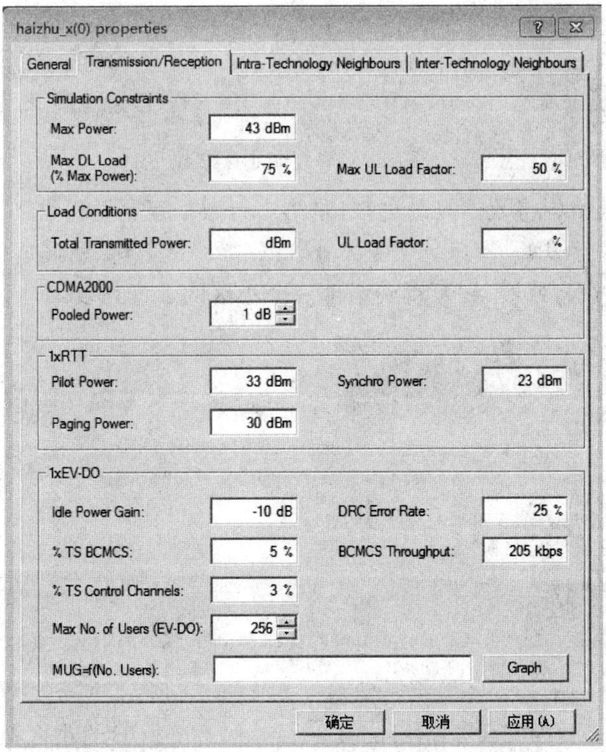

haizhu_x(0) properties

General | Transmission/Reception | Intra-Technology Neighbours | Inter-Technology Neighbours

Simulation Constraints

Max Power: 43 dBm

Max DL Load (% Max Power): 75 %　Max UL Load Factor: 50 %

Load Conditions

Total Transmitted Power: dBm　UL Load Factor: %

CDMA2000

Pooled Power: 1 dB

1xRTT

Pilot Power: 33 dBm　Synchro Power: 23 dBm

Paging Power: 30 dBm

1xEV-DO

Idle Power Gain: -10 dB　DRC Error Rate: 25 %

% TS BCMCS: 5 %　BCMCS Throughput: 205 kbps

% TS Control Channels: 3 %

Max No. of Users (EV-DO): 256

MUG=f(No. Users):　Graph

确定　取消　应用(A)

图 1.3.20　小区收发功率参数设置

邻区配置包括载波内的邻小区(Intra-Carrier Neighbours,相同频点的邻区)和载波间的邻小区(Inter-Carrier Neighbours,多载频环境下不同频点的邻区)。可以配置邻区最大数目。这两个栏目可暂不填写,因为可以采用自动分配邻区的方法。单击“确定”,完成一个小区的配置。

其余 2 个小区,可以采用以上方法配置,也可以采用复制到 Excel 表,处理后,再粘贴到 Open Table 的方法。

06 其他小区的批量配置。可依步骤 4 的方法,采用 Open Table 方法迅速批量完成多个小区参数的配置。将 Cells 数据复制,如图 1.3.21 所示。

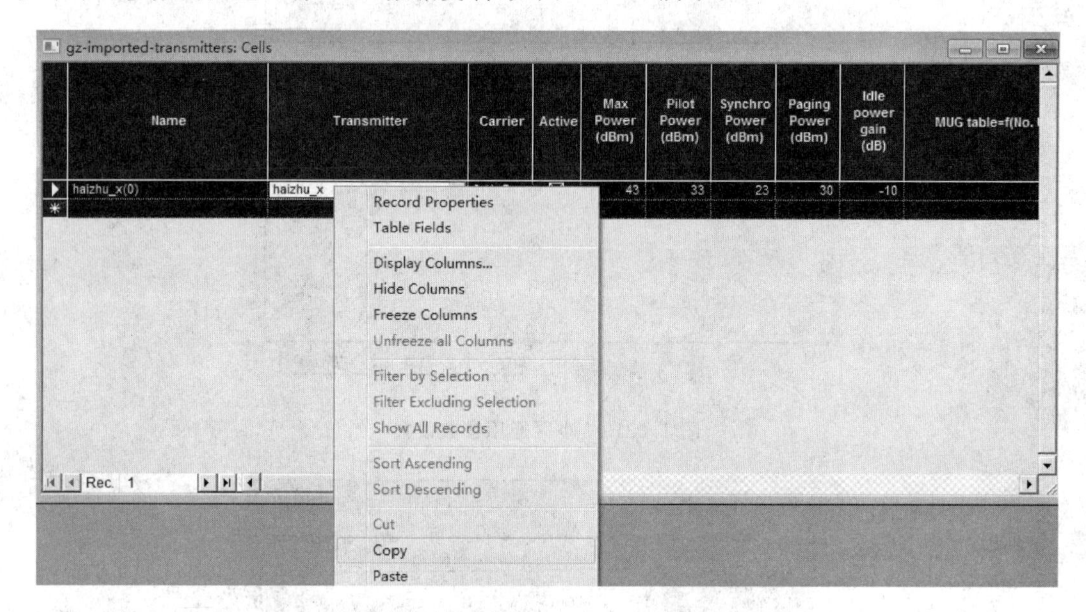

图 1.3.21 复制小区参数

接着在 Excel 表格中将数据复制进来,将第二行数据复制 2 份得到第 3、4 行数据,将第 3、4 行的数据简单进行编辑,将其余小区部分数据(如小区名称、所属扇区名称、PN 码、其他需要改动的地方等)进行修改,即可得到全部 3 个小区的数据列表,如图 1.3.22 所示。

Microsoft Excel - 海珠区站点配置数据表

A3 haizhu_y(0)

	A	B	C	D	E	F	G	H	I	J	K	L	M
1	Name	Transmitter	Carrier	Active	Max Power	Pilot Pow	Synchro F	Paging Pc	Idle powe	MUG table	Noise Ris	Acceptabl	DRC Er
2	haizhu_x(0)	haizhu_x	0 (1xRTT)	TRUE	43	33	23	30	-10		4	1	
3	haizhu_y(0)	haizhu_y	0 (1xRTT)	TRUE	43	33	23	30	-10		4	1	
4	haizhu_z(0)	haizhu_z	0 (1xRTT)	TRUE	43	33	23	30	-10		4	1	
5													

Sites / Transmitters / Cells

图 1.3.22 在 Excel 中进行编辑得到全部 3 个小区数据

复制 Excel 表中的第 3、4 行数据。然后在图 1.3.21 所示 “Cells”界面第 3 行表格最左空白格处,鼠标右键选择“Paste”,将 haizhu_y(0)、haizhu_z(0)的小区数据导入。成功导入后如图 1.3.23 所示。

gz-imported-transmitters: Cells

	Name	Transmitter	Carrier	Active	Max Power (dBm)	Pilot Power (dBm)	Synchro Power (dBm)	Paging Power (dBm)	Idle power gain (dB)	MUG table=f(No. I
	haizhu_x(0)	haizhu_x	0 (1xR	☒	43	33	23	30	-10	
▶	haizhu_y(0)	haizhu_y	0 (1xR	☒	43	33	23	30	-10	
	haizhu_z(0)	haizhu_z	0 (1xR	☒	43	33	23	30	-10	
*				☐						

Rec. 2

图 1.3.23　导入其他扇区的数据

至此，一个 cdma2000 S1/1/1 单载三扇站点的数据已经基本配置完毕。

提示

关于图 1.3.22 所示的 Excel 表格，一般地，该表应作为工程信息的一部分，每个项目都应该保存一份像该图所示的 Excel 表格，包括站点信息页(Sites)、扇区信息页(Transmitters)、小区信息页(Cells)等。方便用于项目资料保存、查阅和修改。

07 其他站点数据批量配置。采用 Open Table 方法迅速批量完成多个站点参数的配置。本例共设置 3 个站点，9 个扇区，9 个小区。

批量配置 3 个站点，完成后的 Sites 属性如图 1.3.24 所示。

gz-imported-transmitters: Sites

	Name	Longitude	Latitude	Altitude (m)	Max No. of CEs per Carrier (UL)	Max No. of CEs per Carrier (DL)	Max No. of EV-DO CEs per Carrier	Equipment	Comments
✎	haizhu	114d4m17.	22d42m1	[114]	256	256	96	CDMA2000	
	baiyun	114d5m8.8	22d42m4	[90]	256	256	96	CDMA2000	
	yuexiu	114d5m37.	22d41m5	[48]	256	256	96	CDMA2000	

图 1.3.24　Sites 属性界面

批量配置 9 个扇区，完成后的 Transmitters 属性如图 1.3.25 所示。

gz-imported-transmitters: Transmitters

	Site	Transmitter	Active	DX (m)	DY (m)	Antenna	Height (m)	Azimuth (°)	Mecha Dowr (°)
	haizhu	haizhu_x	☒	0	0	65deg 17dBi 2Tilt 850MHz	30	0	
	haizhu	haizhu_y	☒	0	0	65deg 17dBi 2Tilt 850MHz	30	120	
	haizhu	haizhu_z	☒	0	0	65deg 17dBi 2Tilt 850MHz	30	240	
	baiyun	baiyun_x	☒	0	0	65deg 17dBi 2Tilt 850MHz	30	0	
	baiyun	baiyun_y	☒	0	0	65deg 17dBi 2Tilt 850MHz	30	120	
	baiyun	baiyun_z	☒	0	0	65deg 17dBi 2Tilt 850MHz	30	240	
	yuexiu	yuexiu_x	☒	0	0	65deg 17dBi 2Tilt 850MHz	30	0	
	yuexiu	yuexiu_y	☒	0	0	65deg 17dBi 2Tilt 850MHz	30	120	
	yuexiu	yuexiu_z	☒	0	0	65deg 17dBi 2Tilt 850MHz	30	240	

图 1.3.25　Transmitters 属性界面

批量配置 9 个小区，完成后的 Cells 属性如图 1.3.26 所示。

gz-imported-transmitters: Cells

Name	Transmitter	Active	Max Power (dBm)	Pilot Power (dBm)	Synchro Power (dBm)	Paging Power (dBm)	Idle power gain (dB)	MUG table=f(No. Users)	Noise Rise Threshold (dB)	Acceptable Noise Rise Margin (dB)	DRC Error Rate (%)	EV-DO timeslots dedicated to BCMCS (%)
haizhu_x(0)	haizhu_x	☒	43	33	23	30	-10		4	1	25	5
haizhu_y(0)	haizhu_y	☒	43	33	23	30	-10		4	1	25	5
haizhu_z(0)	haizhu_z	☒	43	33	23	30	-10		4	1	25	5
baiyun_x(0)	baiyun_x	☒	43	33	23	30	-10		4	1	25	5
baiyun_y(0)	baiyun_y	☒	43	33	23	30	-10		4	1	25	5
baiyun_z(0)	baiyun_z	☒	43	33	23	30	-10		4	1	25	5
yuexiu_x(0)	yuexiu_x	☒	43	33	23	30	-10		4	1	25	5
yuexiu_y(0)	yuexiu_y	☒	43	33	23	30	-10		4	1	25	5
yuexiu_z(0)	yuexiu_z	☒	43	33	23	30	-10		4	1	25	5

图 1.3.26　小区属性界面

配置完成后基站在地图上的分布如图 1.3.27 所示。

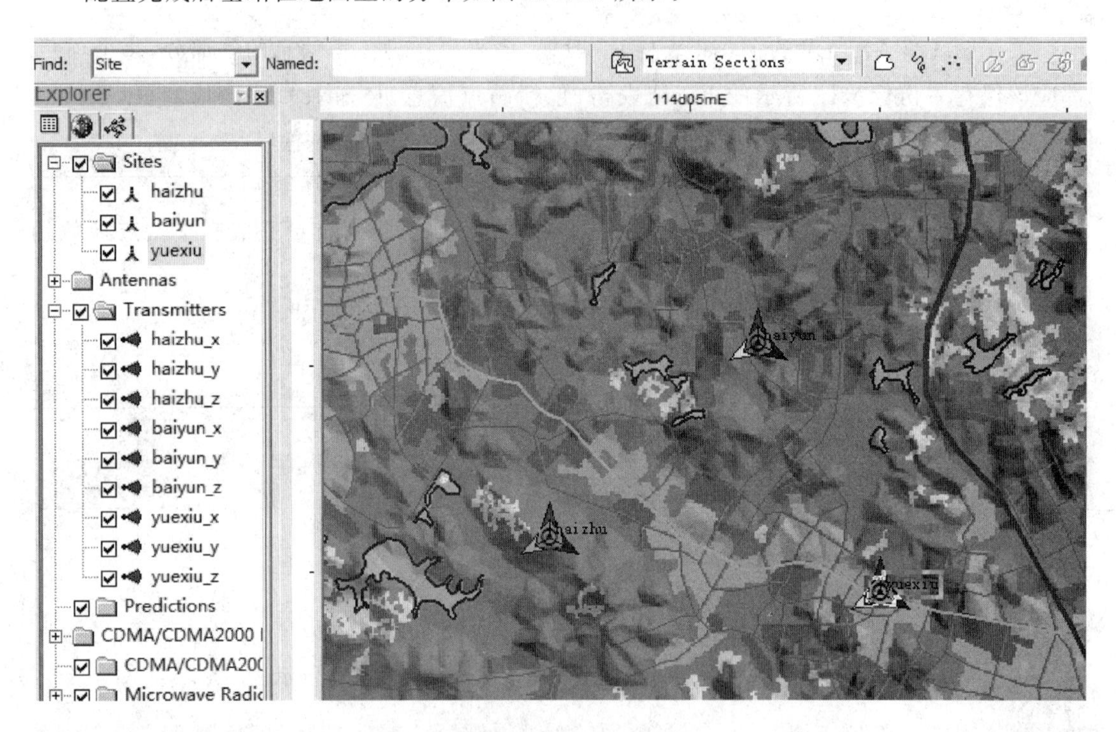

图 1.3.27　基站分布情况

08 邻区自动配置。右键打开 Transmitters，依次选择“Cells”→“Neighbours”→“Automatic Allocation”，进入载波内的邻小区自动配置邻区界面，如图 1.3.28 所示。

Max inter-site Distance：设定邻区距离。

Max Number of Neighbours：设定最大邻区数目。

Coverage Conditons：设定覆盖条件，可单击“Difine…”进行设置。

单击“Run”，则自动按照设置条件进行邻区配置。图 1.3.28 中，小区 baiyun_x(0)有 2

个邻区，分别为 baiyun_y(0)和 baiyun_z(0)。如果确认没有问题，则选择“Commit”接受自动分配的结果。

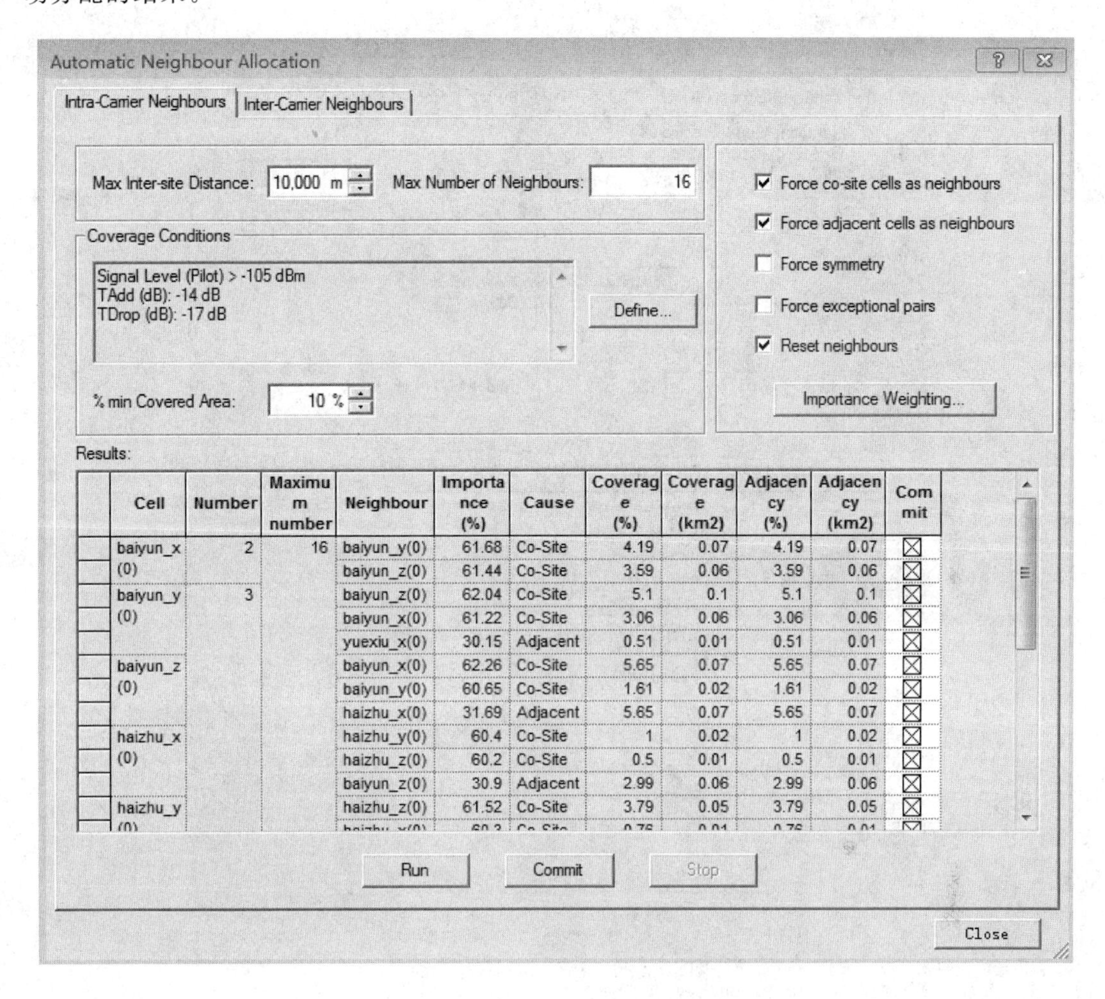

Cell	Number	Maximum number	Neighbour	Importance (%)	Cause	Coverage (%)	Coverage (km2)	Adjacency (%)	Adjacency (km2)	Commit
baiyun_x (0)	2	16	baiyun_y(0)	61.68	Co-Site	4.19	0.07	4.19	0.07	☒
			baiyun_z(0)	61.44	Co-Site	3.59	0.06	3.59	0.06	☒
baiyun_y (0)	3		baiyun_z(0)	62.04	Co-Site	5.1	0.1	5.1	0.1	☒
			baiyun_x(0)	61.22	Co-Site	3.06	0.06	3.06	0.06	☒
			yuexiu_x(0)	30.15	Adjacent	0.51	0.01	0.51	0.01	☒
baiyun_z (0)			baiyun_x(0)	62.26	Co-Site	5.65	0.07	5.65	0.07	☒
			baiyun_y(0)	60.65	Co-Site	1.61	0.02	1.61	0.02	☒
			haizhu_x(0)	31.69	Adjacent	5.65	0.07	5.65	0.07	☒
haizhu_x (0)			haizhu_y(0)	60.4	Co-Site	1	0.02	1	0.02	☒
			haizhu_z(0)	60.2	Co-Site	0.5	0.01	0.5	0.01	☒
			baiyun_z(0)	30.9	Adjacent	2.99	0.06	2.99	0.06	☒
haizhu_y (0)			haizhu_z(0)	61.52	Co-Site	3.79	0.05	3.79	0.05	☒

图 1.3.28　自动分配邻区

本示例为单载波小区，因此不需要配置载波间邻区。

09 邻区自动配置。右键打开 Transmitters，依次选择“Cells”→“PN Offsets”→“Automatic Allocation”，进入自动配置小区 PN 码界面，如图 1.3.29 所示。

应根据具体情况配置，也可以采用缺省值。单击“Run”，则自动按照设置条件进行 PN 配置。如果确认没有问题，则选择“Commit”接受自动分配的结果。

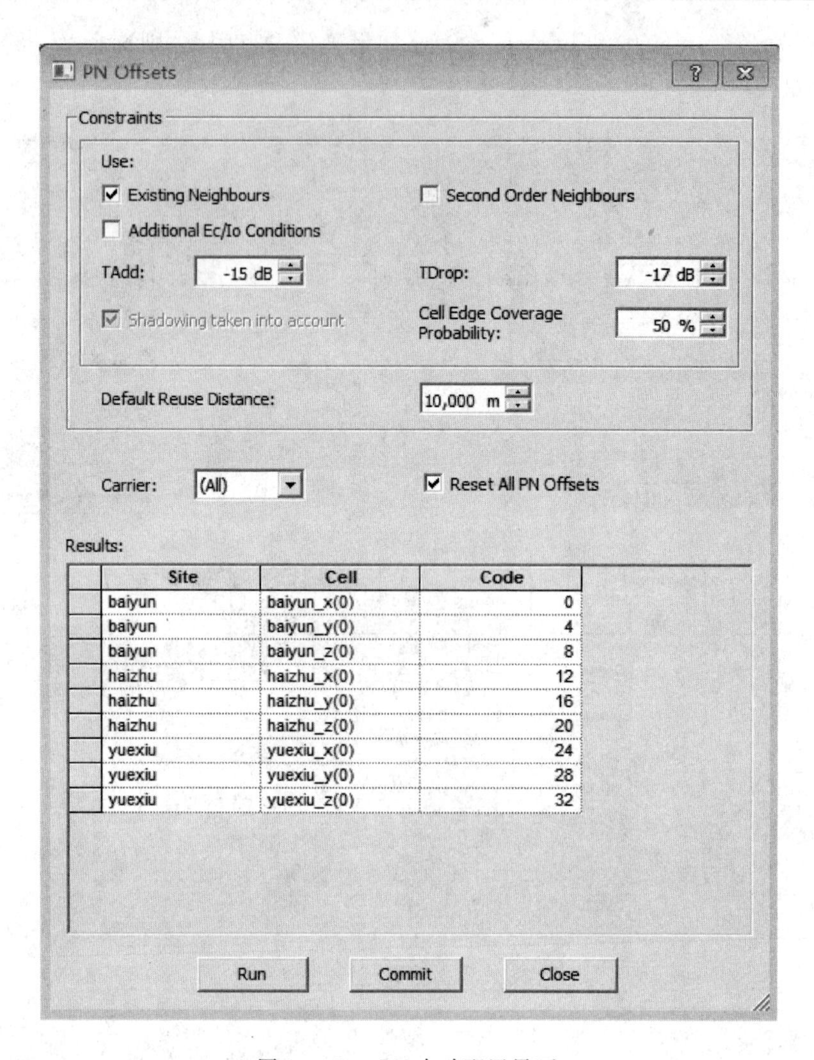

图 1.3.29　PN 自动配置界面

训 练 测 试

打开任务二所建立的 cdma2000 工程项目(该项目导入了三维地图数据,设置了坐标系统),在该地图上合理布放 8 个基站,站型为 S1/1/1,如图 1.3.30 所示。

(1) 放置一个 S1/1/1 站型基站,先后设置 Sites、Transmitters、Cells,对于 Antenna 则选择 Atoll 软件提供的波束宽度为 65°、17 dBi 工作频率为 850 MHz 的天线(型号为"65deg 17 dBi 2Tilt 850 MHz")。

(2) 采用表格处理的方法,批量放置 8 个 Sites 站点。在地图上对各站点位置进行移动,使位置分布合理。

(3) 批量设置合计 24 个扇区,并合理设置各扇区的显示颜色。

(4) 批量设置 24 个小区参数。

(5) 自动设置各小区的 PN 码值。

(6) 自动设置各小区的邻区。

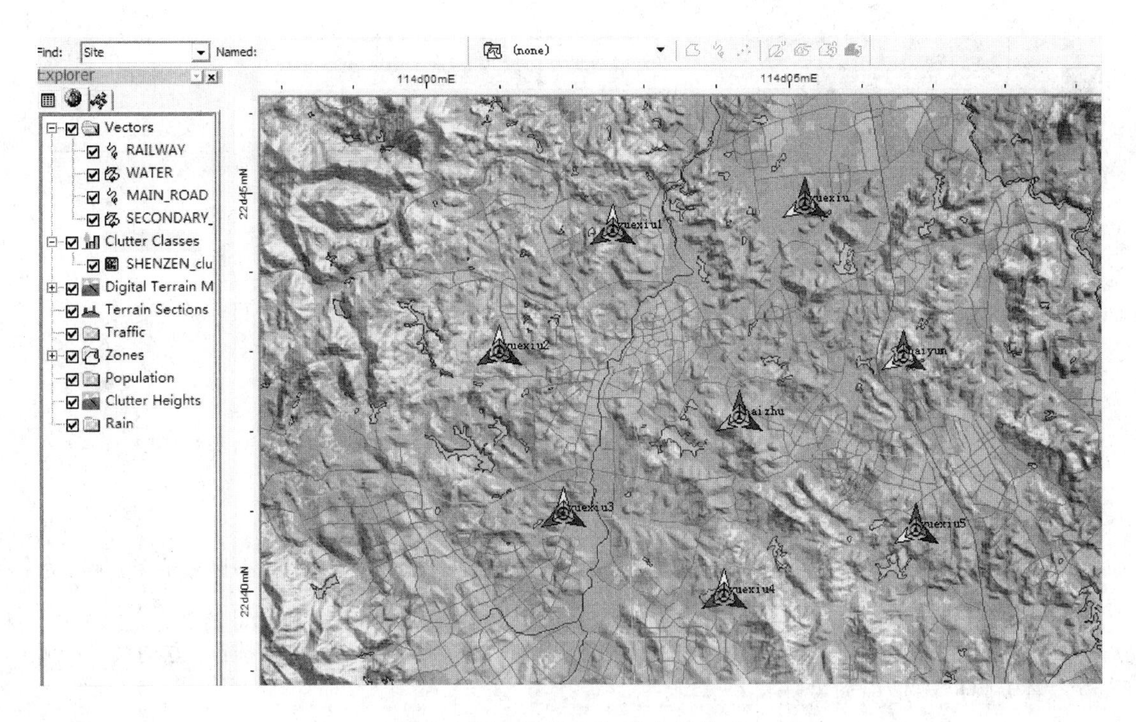

图 1.3.30　设置 8 个 S1/1/1 站点

训练小结

(1) 无线网络规划软件 Atoll 需要配置的站点数据包括基站、天线、扇区和小区等。各网络数据需要按一定顺序进行，顺序一般是：Sites→Antenna→Transmitters→Cells。

(2) Atoll 软件提供了友好的批量导入导出编辑功能，可以利用 Open Table 属性将数据进行复制，在 Excel 表格中进行编辑，再批量导入。这可以大大简化数据配置的操作。每一个项目都应该保存一张对应的 Excel 表格，包括站点信息页、扇区信息页、小区信息页等，方便用于项目资料保存、查阅和修改。

任务四 无线网络仿真

训练描述

无线网络规划最终目的体现在覆盖、容量、质量、成本 4 个方面，具体目标在于：

(1) 达到服务区内最大程度的时间、地点的无线覆盖；

(2) 减少干扰，达到系统最大可能容量；

(3) 在满足容量和服务质量的前提下，尽量减少系统设备单元，降低成本；

(4) 科学预测话务分布，确定最佳网络结构。

无线网络仿真的作用在于：

(1) 高精度的网络仿真可以准确地预测覆盖性能（如接收信号强度、小区覆盖范围），为站点建设提供技术支撑；

(2) 对于网络规划可以根据预测结果调整规划方案（站点位置、天线挂高、方向角、下倾角），最大限度满足规划设计目标；

(3) 对于网络优化可以验证优化方案的可行性，更加高效、快速地解决网络问题。

本训练示例在任务三完成了基站、天线、扇区、小区的配置的基础上，进行无线网络仿真，如图 1.4.1 所示。重点训练预测区域设置、覆盖预测、有效服务区仿真、软切换仿真、导频信噪比仿真，并绘制话务地图进行蒙特卡罗仿真，并能够根据仿真结果，分析网络的质量情况，提出解决措施，调整规划设置参数并进行仿真验证。

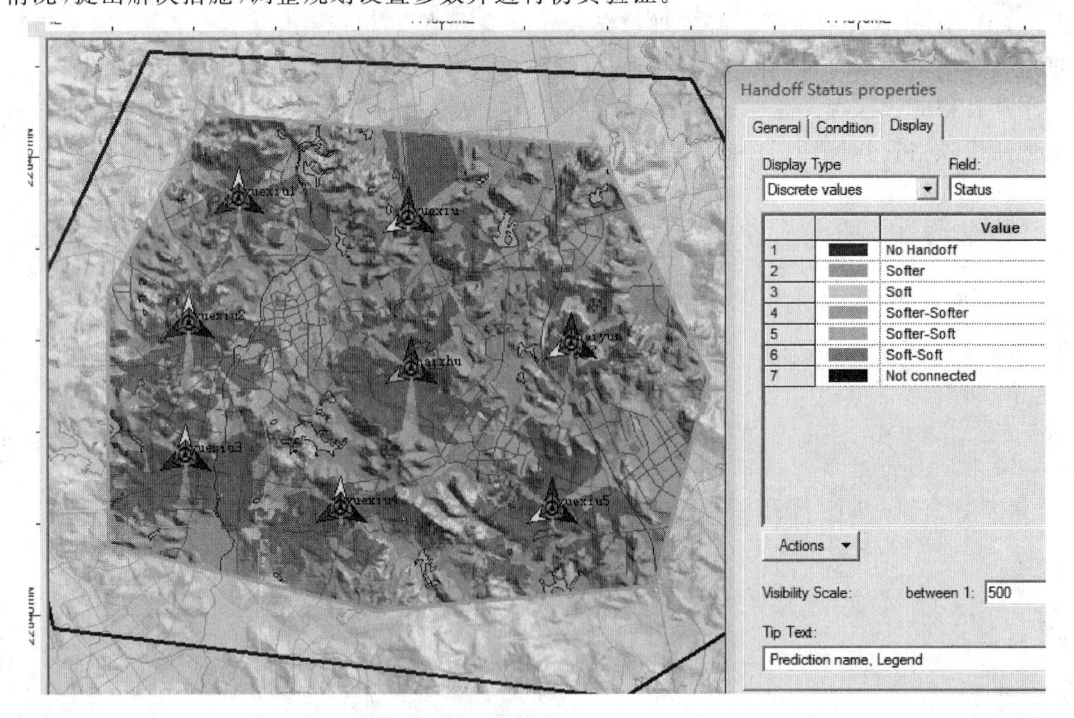

图 1.4.1 无线网络仿真结果

训练环境和设备

(1) 硬件:计算机。

(2) 软件:Atoll 软件,由法国 Forsk 公司出品。

训练要求

(1) 掌握预测区域的绘制。

(2) 掌握传播模型的设置。

(3) 掌握网络性能预测。

(4) 掌握话务地图的绘制。

(5) 掌握蒙特卡罗仿真。

训练步骤

01 绘制预测区域。在话务地图设置之前有必要理解各个区域(zone)的不同之处。

- Filtering zone(过滤区域)。这个 zone 是用于过滤站点或者扇区信息的,Filtering zone 外部的所有站点或扇区都将被隐藏。
- Focus zone(重点关注区域)。Focus zone 里面的站点会着重显示,外围的站点将白化显示。这个 zone 只起着重作用。
- Computation zone(仿真计算区域)。所有的仿真仅仅在这个区域内进行,仿真出图只显示这个 Computation zone 内的结果。这个 zone 起限制仿真和出图范围的作用。
- Hot spot zone(热点区域)。只有这个 zone 下面允许多个多边形(polygon)区域独立存在。其他 zone 下面的几个多边形区域都必须来自一个统一的表格(tab)文件。当需要根据多边形设置话务的时候,把一系列的多边形导入这个 zone,可以起到一个提供每个多边形边界点的作用。
- Printing zone(打印区域)。当要把当前仿真结果打印成 pdf 文件时,画一个打印的区域范围,pdf 文件会输出这个 zone 范围内的显示信息,否则输出整个地图范围内的显示信息。
- Coverage export zone(导出区域)。当把仿真显示图导出成 grd、grc 格式的时候,可以选择导出区域,如果我们已经设置了 Coverage export zone,则导出的文件只显示这个 zone 内的信息。

覆盖预测是在仿真之前进行的,不用添加业务,该预测反映基站的覆盖性能。在预测之前需要画出计算区域,在数据浏览栏的“Explorer”→“Geo”→“Zones”中选择“Computation Zone”项,选择“draw”选项,在地图中画出预测所需要计算的多边形区域。

选择重点关注区域项,选择画图(draw)选项,在地图中画出需要重点关注的多边形区域。一般地,重点关注区域应小于计算区域。还可以设置选择过渡区域,一般过渡区域与计算区域重合(右键单击相应的区域打开 Properties 属性,将两者的多边形顶点坐标设置为相同即可)。设置完预测区域后如图 1.4.2 所示。

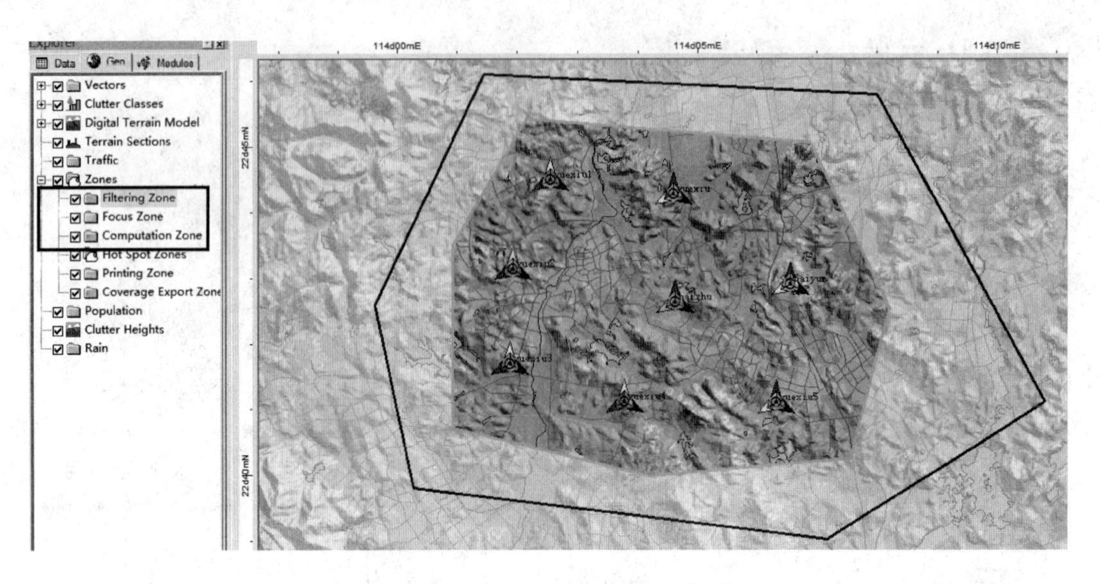

图 1.4.2　设置预测区域

02 传播模型的设置。在传输模型设定时遵循“由外及内”的原则，右键打开 Transmitters，选择“properties”选项，随之打开窗口的“Propagation”卡片中的“Main Matrix”项，设定该地区外围的传输模型（如 Cost-Hata），计算半径一般取站间距的 1.5 倍，计算精度（Resolution）与地图精度一致，如图 1.4.3 所示。

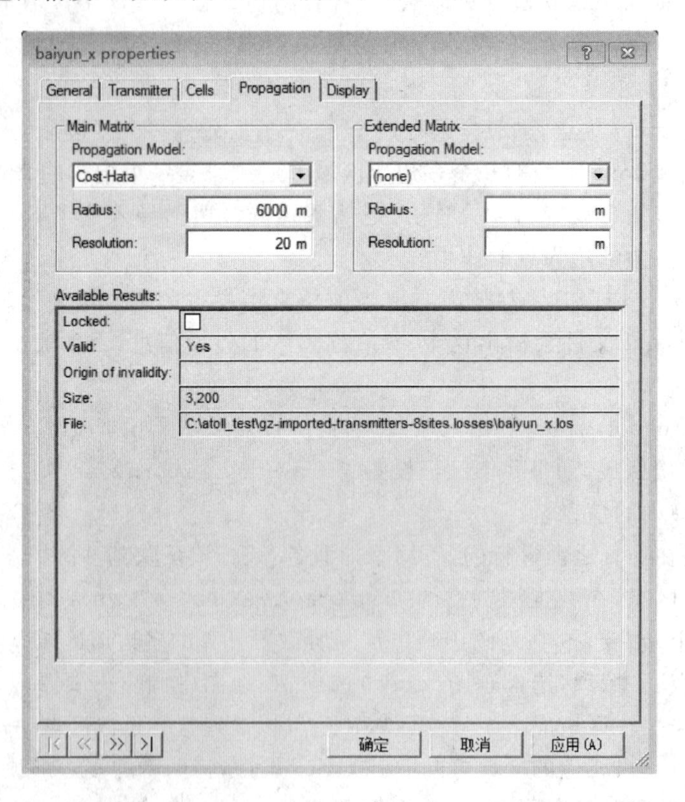

图 1.4.3　传播模型的设定

单击“应用(A)”设置一个扇区的传输模型后，可单击左下角的“<<”“>>”，逐一对其他扇区进行传输模型的设定。

若需要更改或调整传输模型的具体公式或参数，则可选择数据浏览栏的“Explorer”→“Modules”→“Propagation Models”中对应的模型，打开具体的传输模型属性，在“Configuration”栏，单击“Formulas related to clutter classes”可查看并修改具体的公式参数，如图 1.4.4 所示。

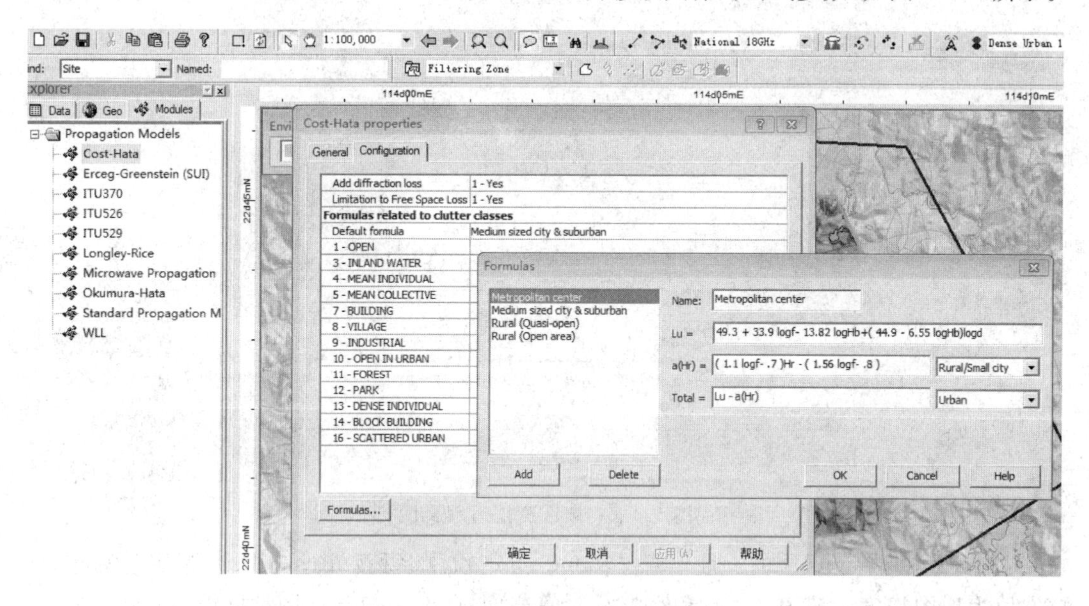

图 1.4.4　传播模型参数的修改

03 网络性能预测。在 Explorer 栏的“Data”卡片中，右键打开“Prediction”项，选择“New”选项，随之打开的窗口如图 1.4.5 所示。

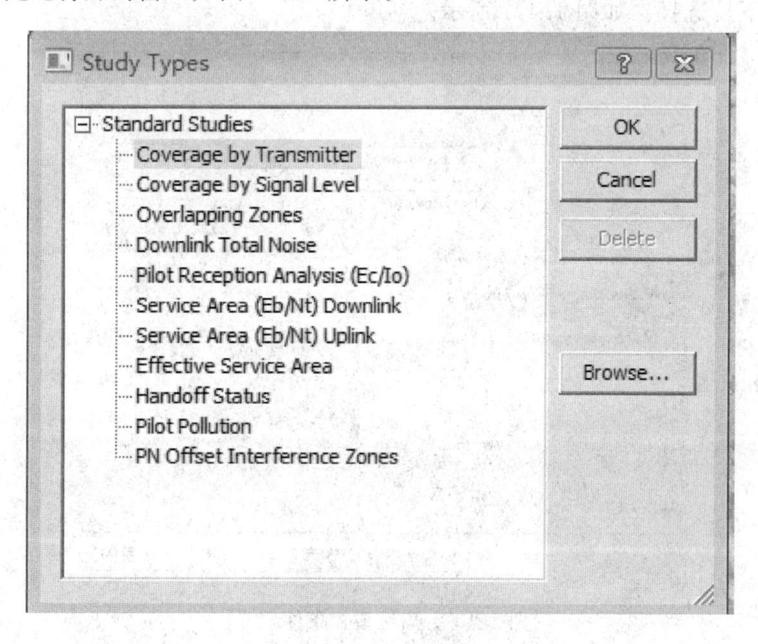

图 1.4.5　预测分析类型

选择"Coverage by Transmitter"(扇区覆盖率)。在随之打开的相应窗口中对其相关参数进行设置,如图 1.4.6 所示。对于 Overlapping zones(重叠区域)进行分析,还要设置激活门限和余量。

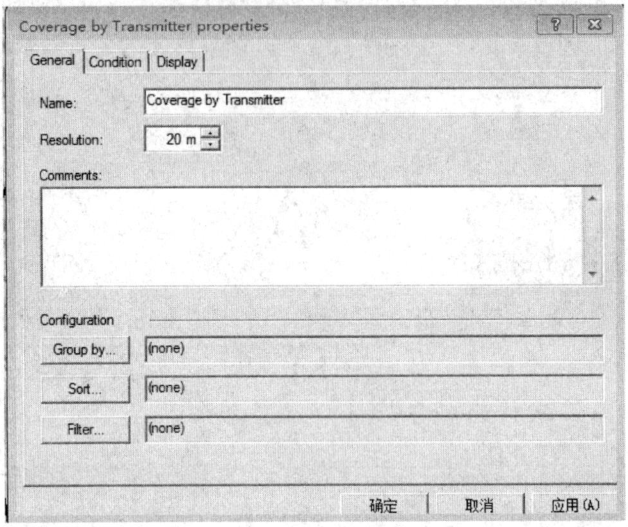

图 1.4.6 扇区覆盖通用属性

General 栏:指定预测的一般信息。Name:指定预测名称。Resolution:指定计算精度,缺省值为地图精度。该值越小,精度越高,计算时间越大,一般与地图精度设置一致。

Condition 栏:指定有效覆盖的范围。With a Margin:指定有效覆盖的裕量值。Cell Edge Coverage Probablity:指定边缘覆盖水平。Shadowing taken into account:指定是否考虑阴影损耗。Indoor Coverage:指定是否考虑个穿透损耗。Carrier:指定对具体哪个载波进行仿真,可下拉选择。如图 1.4.7 所示。

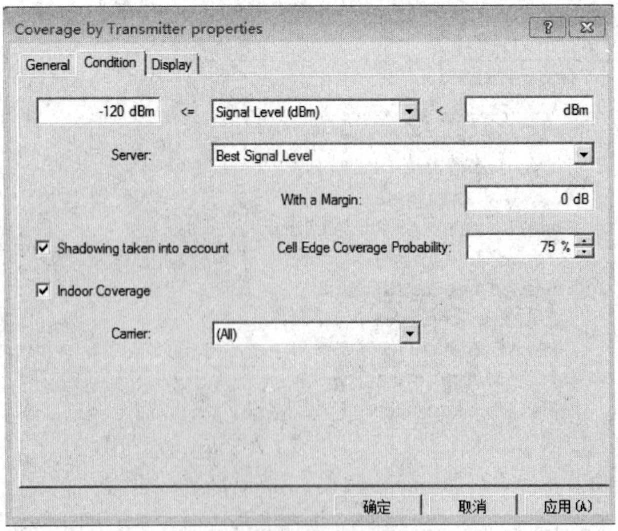

图 1.4.7 扇区覆盖条件配置

Display 栏：设置预测结果的显示方式。Display Type：下拉选择，可采用单值显示(Unique)、双值显示(Discrete values)、多值显示(Value intervals)。Field：指定域，下拉选择，可分扇区显示、基站显示等。如图 1.4.8 所示。

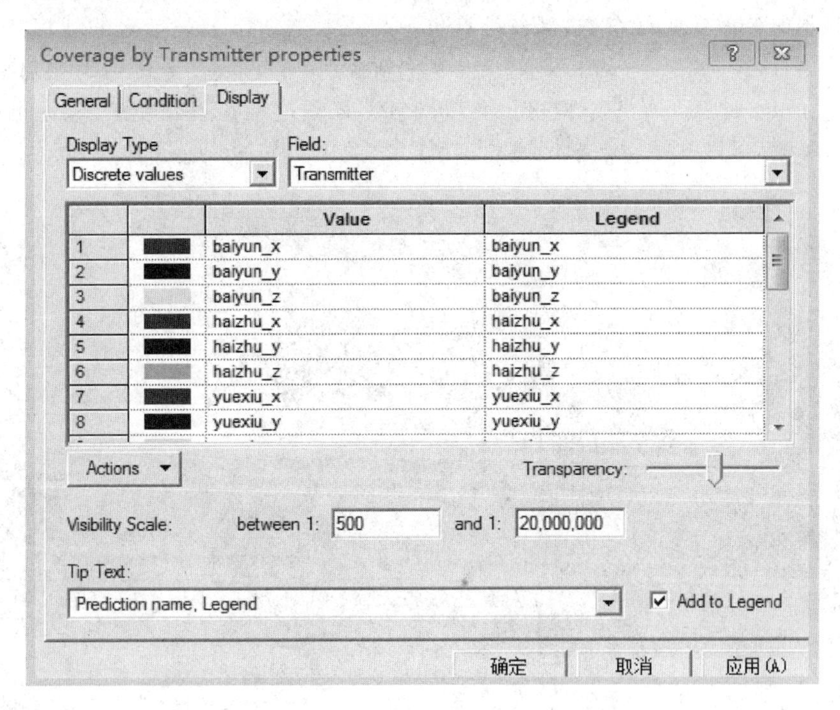

图 1.4.8　扇区覆盖结果显示配置

单击“确定”，则完成扇区覆盖预测的设置。右键单击并依次选择“Explorer”→“Modules”→“Predictions”，选择“Calculate”菜单，Atoll 进行预测计算，结果如图 1.4.9 所示。

图 1.4.9　扇区覆盖预测分布图

若发现某地方覆盖结果不符合要求，则根据情况修改相应的参数，如站点位置、天线挂高、天线倾角、扇区方位角、小区功率参数等相应参数。每一次计算后 Atoll 都会将结果锁定，因此需要将结果进行解锁，操作方法为右键单击 Prediction 文件夹，选择“Unlock Studies”。否则，尽管修改了无线参数，新的计算也不会更改之前已经被锁定的计算结果。修改参数，重新预测计算，如果结果仍不理想，继续重新修改再计算，直至得到满意的结果为止。如图 1.4.10 所示，原某基站左下扇区覆盖范围较差。通过调整基站位置、扇区的天线挂高和下倾角等参数后，该基站左下扇区覆盖有所改善，如图 1.4.11 所示。

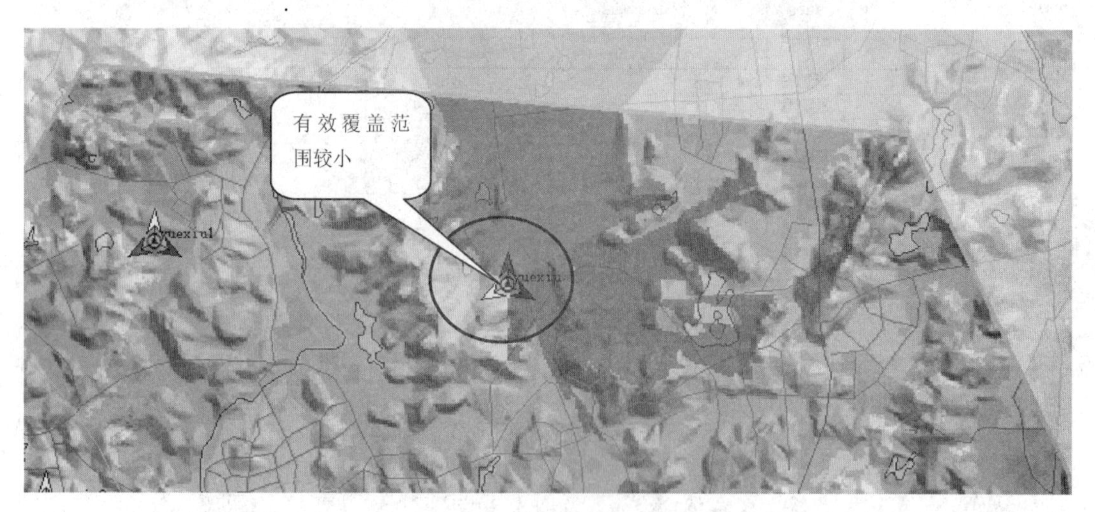

图 1.4.10 调整前左下扇区覆盖情况较差

图 1.4.11 调整扇区参数后左下扇区覆盖情况有所改善

常用的其余预测包括：Coverage by signal level（信号电平覆盖率）、Overlapping zones（重叠区域）、Downlink total noise（下行总噪声）、Pilot reception analysis（E_c/I_o）（导频信噪比 E_c/I_o 分析）、Service area（E_b/N_t）downlink（下行服务区信干比 E_b/N_t）、Uplink（上行服务区信干比 E_b/N_t）、Effective service area（有效服务区）、Handoff status（软切换状态）、Pilot pollution（导频污染）、PN Offset Interference Zones（伪随机 PN 码干扰区）等。软切换

状态分布预测如图1.4.12所示，有效服务区域分布预测如图1.4.13所示，场强信号水平预测如图1.4.14所示。预测步骤与扇区覆盖预测基本一致。这些预测都是比较重要的，需要逐一进行操作并逐一分析。预测之后，可通过分析和调整，最终达到设计的目的。

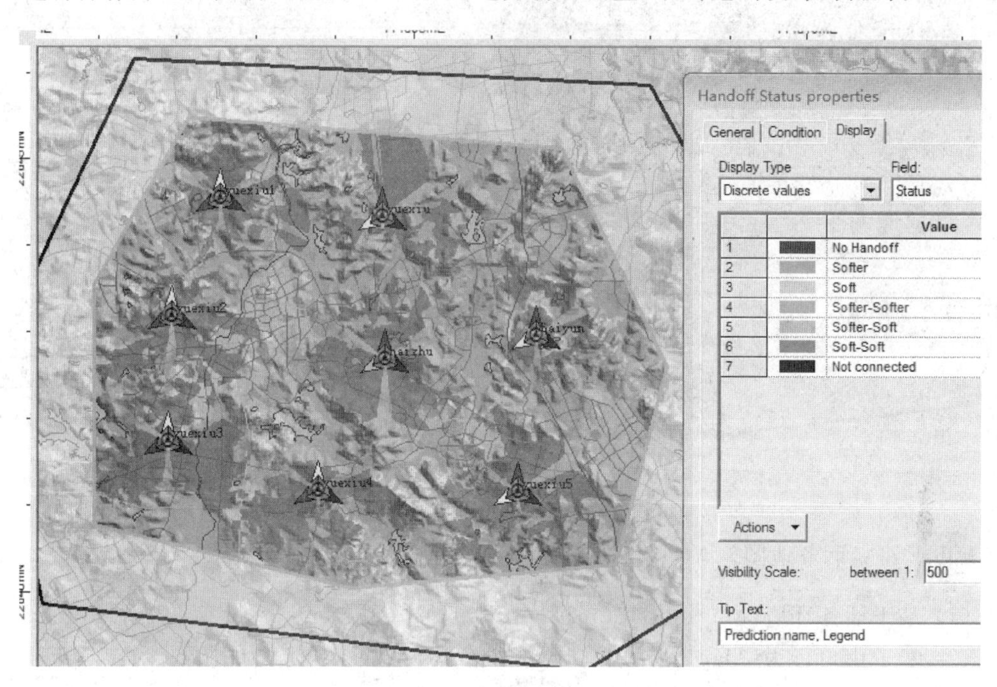

图1.4.12　软切换状态分布图

图1.4.13　有效服务区域分布图

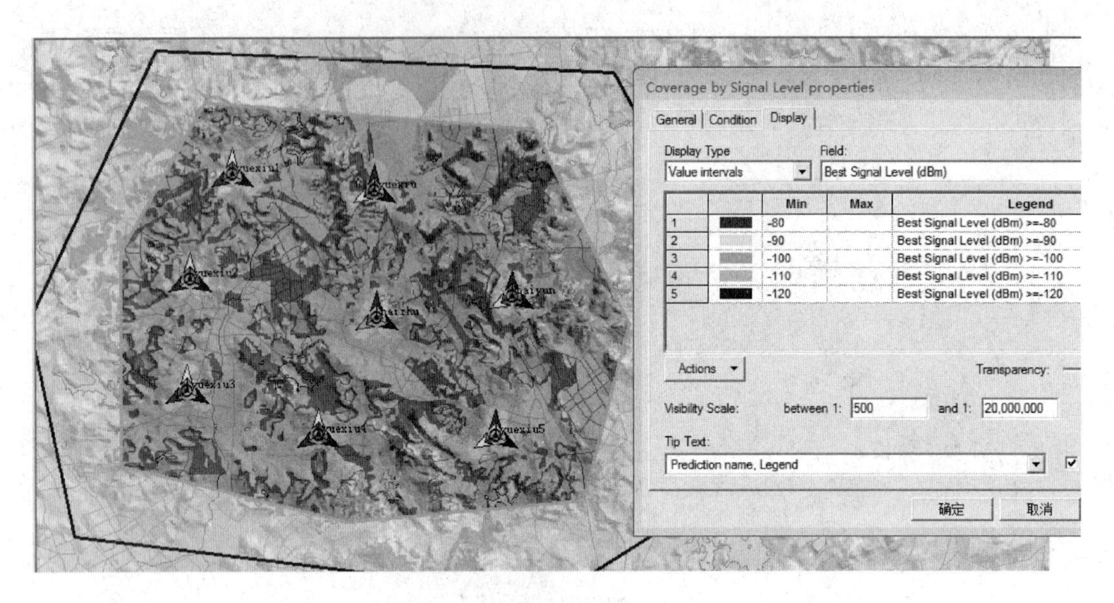

图 1.4.14　信号场强分布图

04 建立话务地图。Atoll 可采用多种方法建立话务地图。

(1) 基于话务环境(Map based on Environments)(Raster)。

(2) 基于用户行为(Map based on User Profiles)(Vectors)。

(3) 基于扇区和服务吞吐量(Map based on Transmitters and Services)(Throughputs)。

(4) 基于扇区和服务用户数(Map based on Transmitters and Services)(# Users)。

(5) 基于话务密度(Map based on Traffic Densities)。

右键单击“Explorer”→“Geo”标签中的 Traffic 文件夹,选择“New map…”命令,如图 1.4.15 所示。

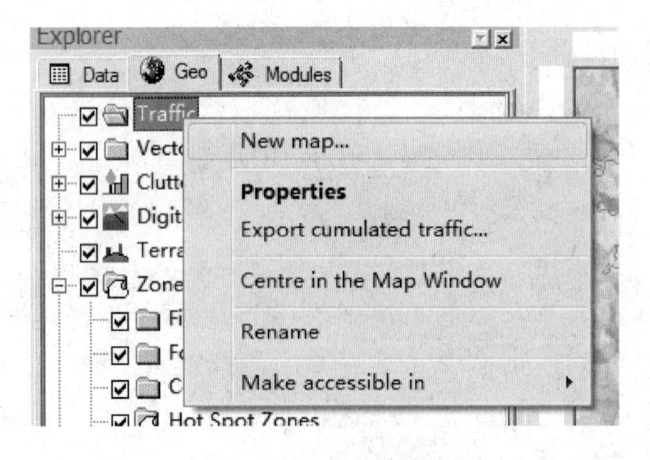

图 1.4.15　新建话务地图

选择“New map…”命令,进入话务地图选择画面,如图 1.4.16 所示。

这里主要介绍基于话务环境的绘制方法。

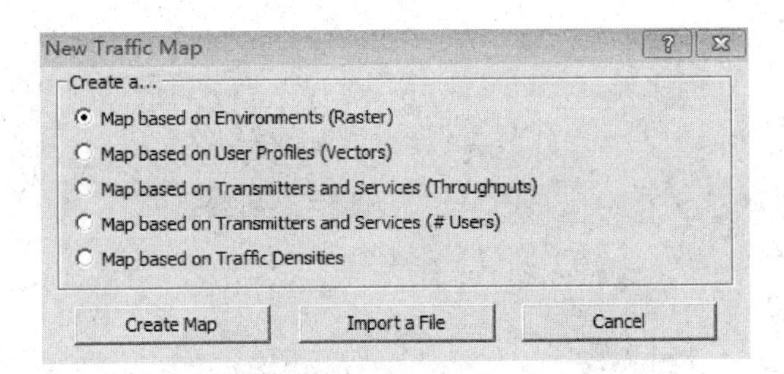

图 1.4.16　话务地图的选择

选择"Map based on Environments(Raster)"，单击"create map"，会出现如图 1.4.17 中所示的小窗口。在"No data"的下拉菜单中选择要撒话务的环境，如密集城区(dense urban)，然后单击右边的多边形键，就可以在地图窗口中绘制密集城区的话务多边形。

图 1.4.17　话务区域选择

然后单击[图标]，在地图上适当的地方绘画属于密集城区的区域，如图 1.4.18 所示。

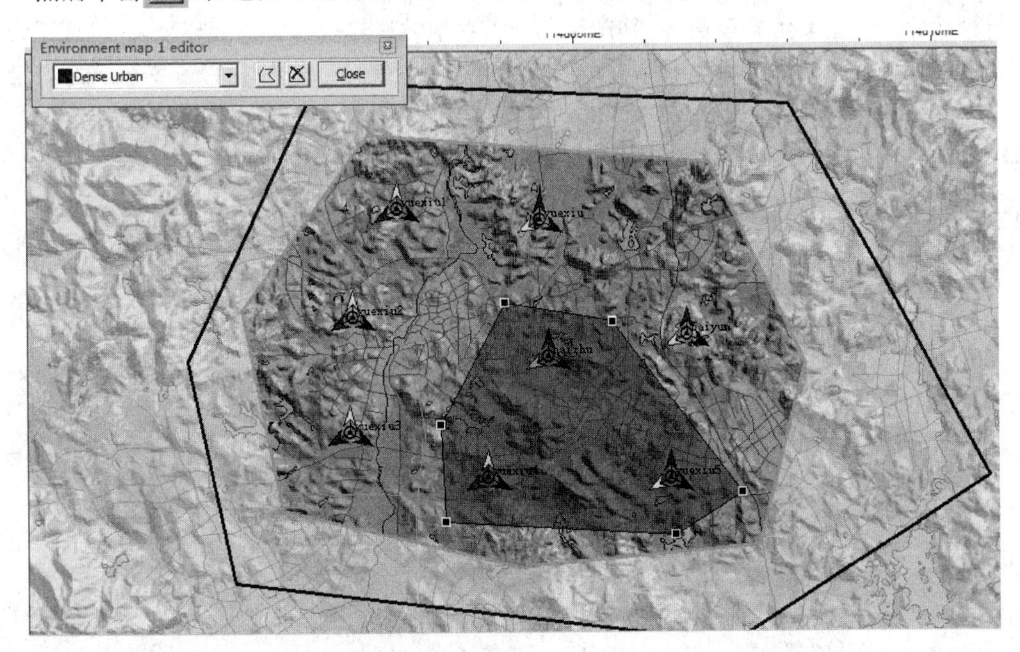

图 1.4.18　绘制密集城市话务地图

用同样的方法绘画郊区(Suburban)话务地图，如图 1.4.19 所示。

如果绘画的区域不理想，可通过[图标]将栅格多边形删除。

注意：绘画外围的多边形要画成环形，否则就会将中间的多边形遮盖，而且引起话务重复现象。可以将外围的多边形分成多个小多边形逐一绘制。

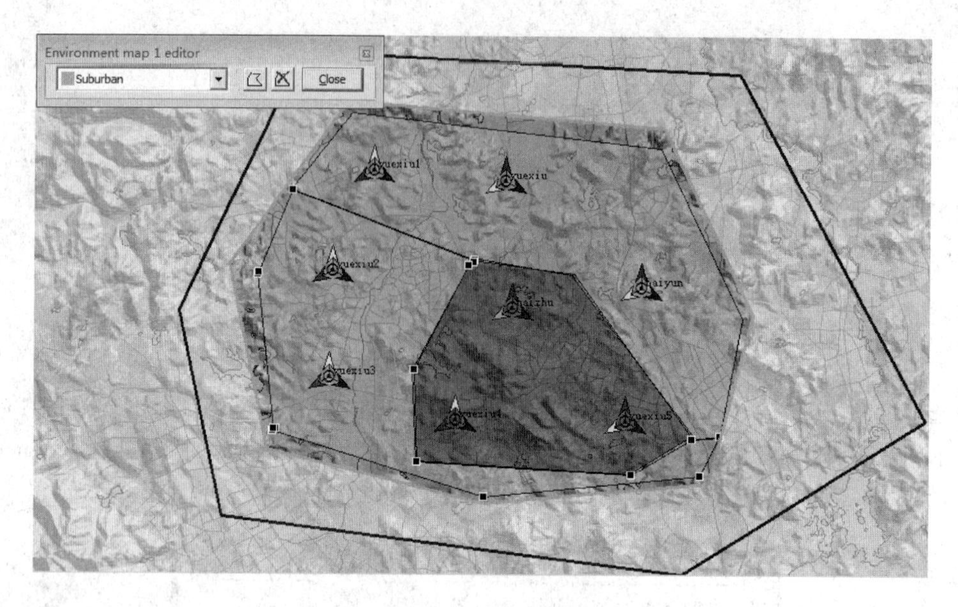

图 1.4.19　绘制郊区务地图

05 蒙特卡罗仿真。蒙特卡罗(Monte Carlo)仿真方法是通过大量的计算机模拟来检验系统的动态特性并归纳出统计结果的一种随机分析方法,它包括伪随机数的产生,蒙特卡罗仿真设计以及结果解释等内容,其作用在于用数学方法模拟真实物理环境,并验证系统的可靠性与可行性。当话务模型及话务地图设置好之后,就可以进行蒙特卡罗仿真。右键单击"Explorer"→"Data"标签中的"CDMA/CDMA2000 simulations"文件夹,选择"New",弹出的属性对话框如图 1.4.20 所示。

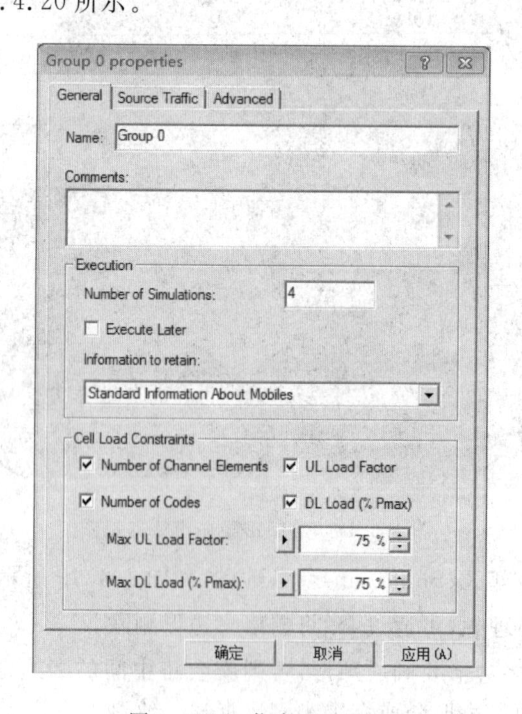

图 1.4.20　仿真通用设置

设置在一组里面做的仿真次数(如 4 次)、上下行话务负载限制。设置完毕后在源话务“Source Traffic”标签中选择仿真所用的话务地图,如图 1.4.21 所示。

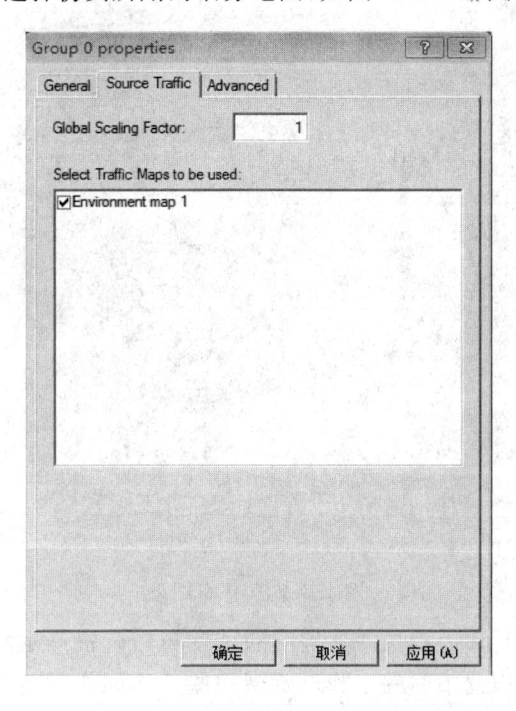

图 1.4.21　仿真源话务地图设置

选择已设置的话务地图后,在“Advanced”标签中设置仿真的收敛条件,如图 1.4.22 所示。

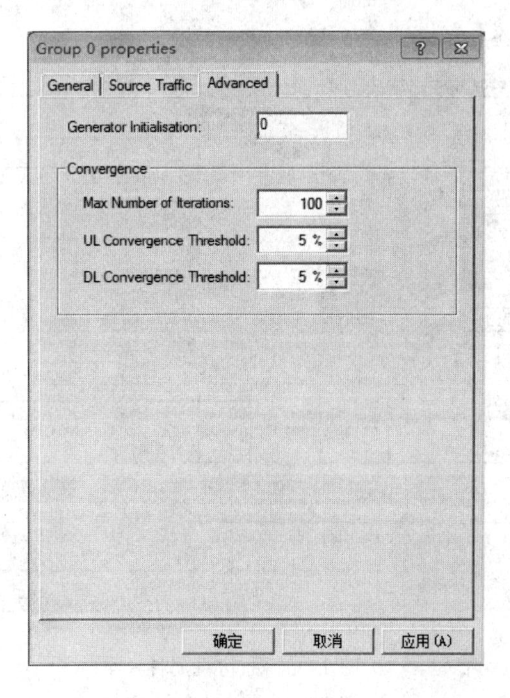

图 1.4.22　仿真收敛条件设置

按缺省值设置即可，单击"确定"后，Atoll 开始运算仿真，仿真结果如图 1.4.23 所示。

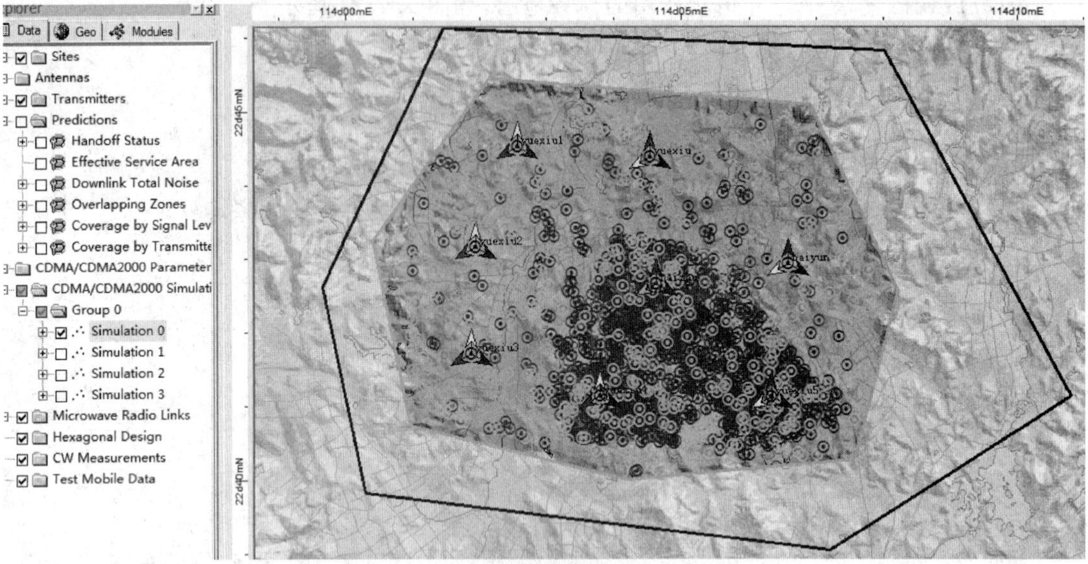

图 1.4.23　仿真结果

图 1.4.23 中，小圆点代表根据话务地图的统计分布随机产生的仿真用户，由于中间为密集市区，外面为郊区，因此中间的小圆点要密一些。不同的颜色表示不同的仿真结果，具体可双击"Explorer"→"Data"标签中的"CDMA/CDMA2000 Simulations Properties"，可查看具体不同颜色圆点的含义，如图 1.4.24 所示。

图 1.4.24　仿真属性

可见，绿色小圆点表示用户业务正常，其他的不同颜色小圆点表示各种业务不正常的情况。在图 1.4.23 中单击小圆点即可查看该处用户的业务仿真情况，如图 1.4.25 所示。

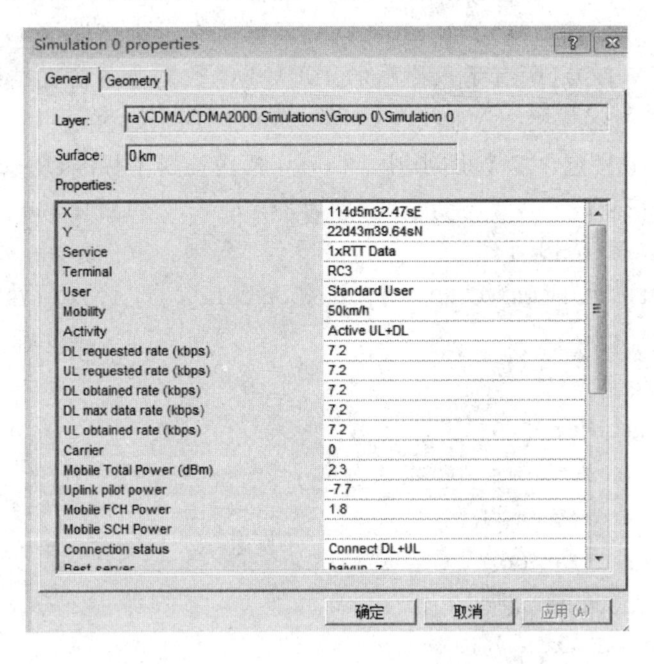

图 1.4.25　某用户点的无线指标仿真情况

本仿真研究组 Group 0 进行了若干次仿真(如 4 次)，双击“CDMA/CDMA2000 simulations\Group 0\Simulation 0”文件夹，可查看具体的某次仿真统计，如图 1.4.26 所示。

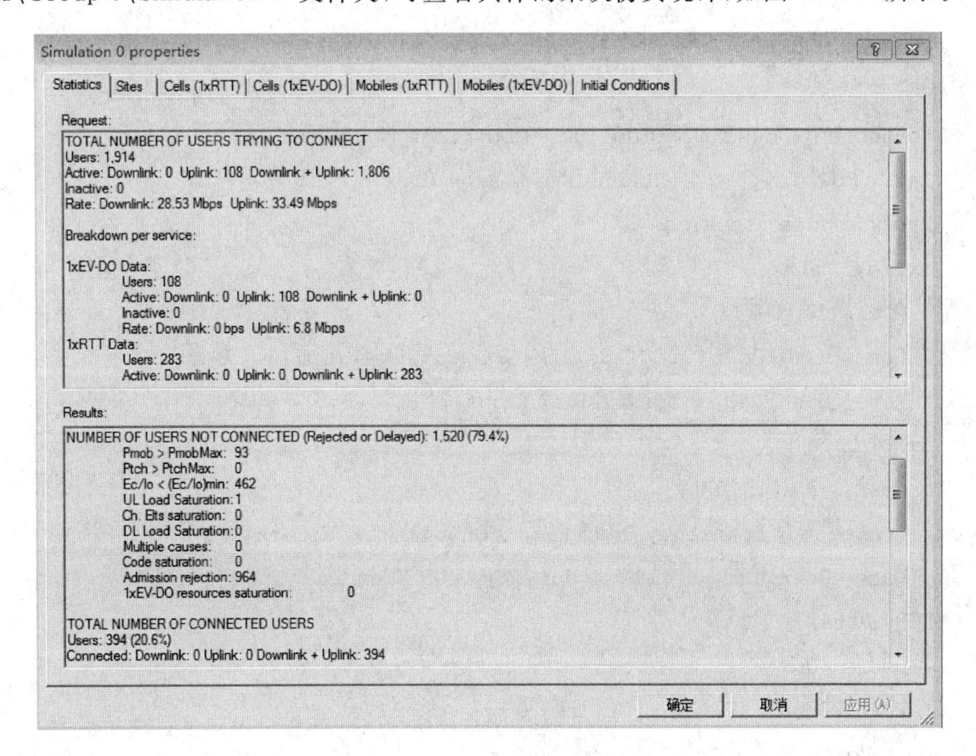

图 1.4.26　仿真统计情况

仿真报告共有7个标签，分别是Statistics(总体统计结果)、Sites(各站点仿真统计结果)、Cells(1xRTT)(基于基站的1xRTT业务统计结果)、Cells(1xEV-DO)(基于小区的1xEV-DO数据业务统计结果)、Mobiles(1xRTT)(所有手机终端的1xRTT业务仿真结果)、Mobiles(1xEV-DO)(所有手机终端的1xEV-DO数据业务仿真结果)、Initial Conditions(初始条件)。

其中，Statistics栏包含2个框，其中Request框内为要求标准，Results框内为仿真结果，仿真结果如下所示。

```
Number of iterations: 14                                  //仿真迭代次数
NUMBER OF USERS NOT CONNECTED (Rejected or Delayed): 1,520 (79.4%)
                                                          //不符合要求的用户点比例
Pmob > PmobMax:  93                                       //分类列出不符合要求的情况
    Ptch > PtchMax:  0
    Ec/Io < (Ec/Io)min:  462
    UL Load Saturation: 1
    Ch. Elts saturation:  0
    DL Load Saturation: 0
    Multiple causes:  0
    Code saturation:  0
    Admission rejection:  964
    1xEV-DO resources saturation:  0
  TOTAL NUMBER OF CONNECTED USERS Users: 394 (20.6%)
                                                          //符合要求的比例
  Connected: Downlink: 0 Uplink: 0 Downlink + Uplink: 394
  Rate: Downlink: 4.46 Mbps Uplink: 3.54 Mbps             //业务速率
  Breakdown per service:                                  //分类列出各业务速率
  1xEV-DO Data:
    Users: 0 (0%)
    Connected: Downlink: 0 Uplink: 0 Downlink + Uplink: 0
    Rate: Downlink: 0 bps Uplink: 0 bps
  1xRTT Data:
    Users: 45 (15.9%)
    Connected: Downlink: 0 Uplink: 0 Downlink + Uplink: 45
    Rate: Downlink: 1.95 Mbps Uplink: 1.03 Mbps
  DORA Data:
    Users: 0
    Rate: Downlink: 0 bps Uplink: 0 bps
  DORA Voice:
```

Users：0

Rate：Downlink：0 bps Uplink：0 bps

Voice：

Users：349（22.9％）

Connected：Downlink：0 Uplink：0 Downlink + Uplink：349

Rate：Downlink：2.51 Mbps Uplink：2.51 Mbps

训练测试

打开任务三测试训练所建立的 cdma2000 工程项目（该项目在该地图上布放 8 个基站，站型为 S1/1/1）。

（1）在项目地图上对站点的布局进行进一步的优化，使站点间距离不超过 2 000 m，合理设置站点的位置，根据站点位置，调整扇区的天线高度，合理设置天线机械下倾角和电子下倾角，划定计算区域、关注区域，重新进行 Effective Service Area（有效服务区）预测，与图 1.4.13 有效服务区域分布图相比，覆盖率应能进一步提升，使覆盖率在 90％以上，即有效服务区域面积占 Focus zone 总面积的 90％以上，如图 1.4.27 所示。

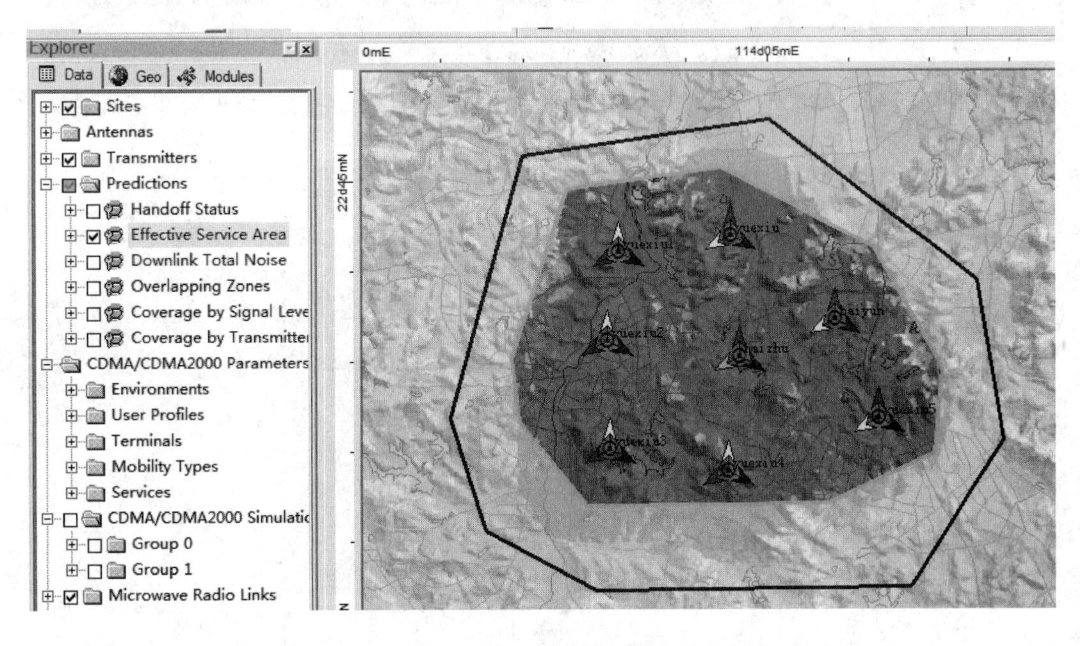

图 1.4.27　经优化后的有效服务区域分布图

图 1.4.27 为经过了站点位置调整、天线高度调整、天线下倾角调整后的有效服务区域分布情况图，在 Focus zone 内基本上属于有效服务区域的范围，与图 1.4.13 有效服务区域分布图相比，覆盖质量有了较大的提升。

（2）其他预测，包括 Coverage by Signal Level（信号电平覆盖率）、Overlapping Zones（重叠区域）、Handoff Status（软切换状态）、Pilot Pollution（导频污染）、PN Offset Interference Zones（PN 码干扰区）等。若发现有不合理的地方，对站点布局、天线高度、下倾角等进一步调整，直到获得满意的结果为止。

(3) 绘制话务全部为郊区类型的话务地图,如图 1.4.28 所示。

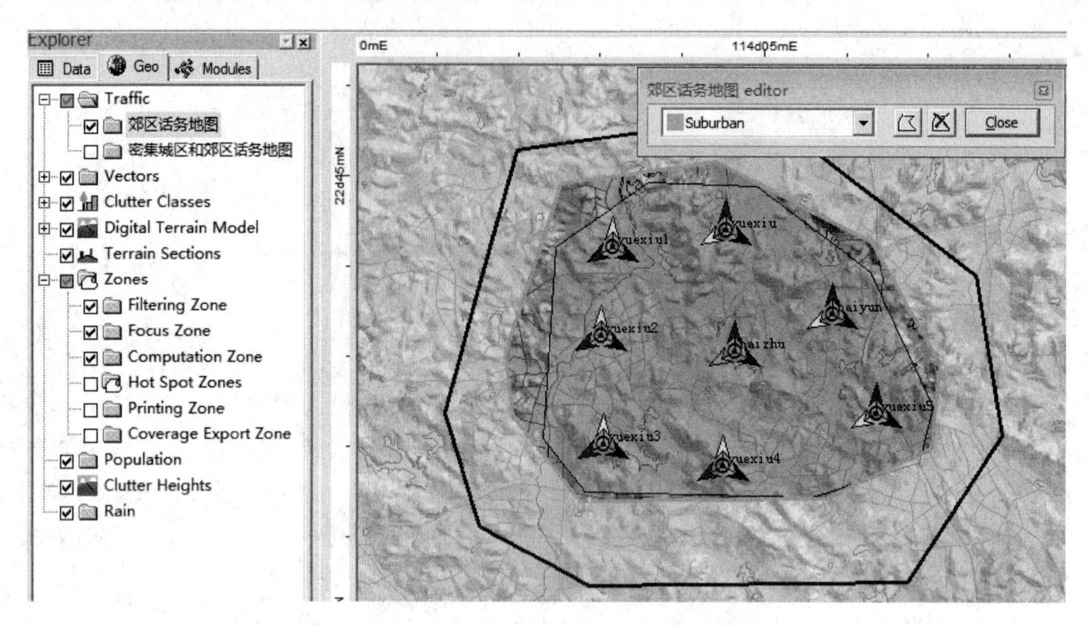

图 1.4.28 绘制话务地图(话务全部为郊区类型)

(4) 进行话务为郊区类型的蒙特卡罗仿真,在仿真设置中,注意选择步骤 3 所画的郊区类型话务地图,如图 1.4.29 所示。

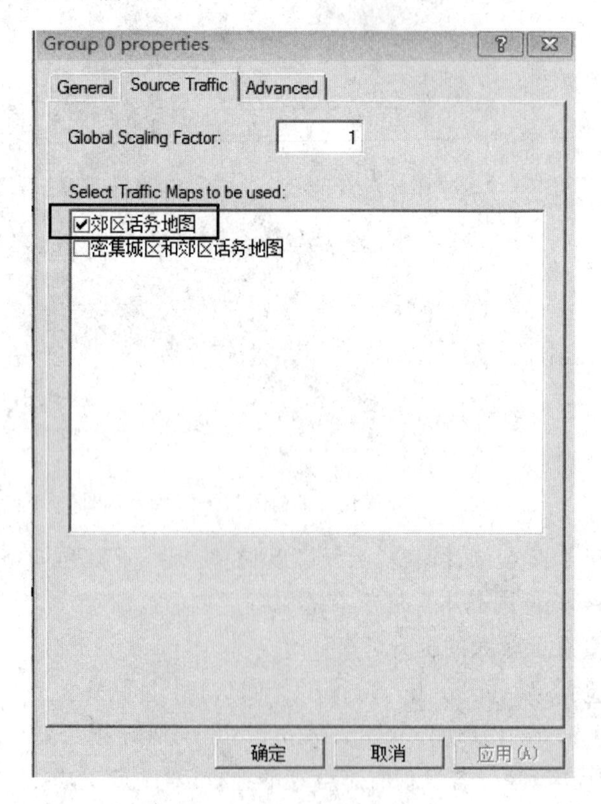

图 1.4.29 选择郊区话务地图

蒙特卡罗仿真结果如图 1.4.30 所示。

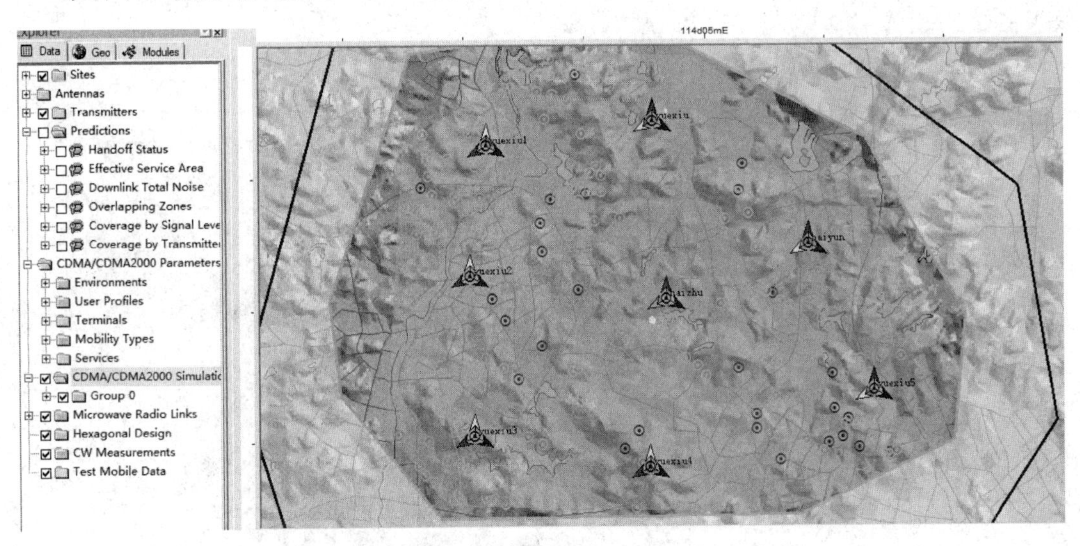

图 1.4.30 郊区话务地图仿真结果

双击“Explorer\Data\CDMA/CDMA2000 simulations\Group 0\Simulation 0”文件夹，可查看具体的仿真统计，如图 1.4.31 所示。

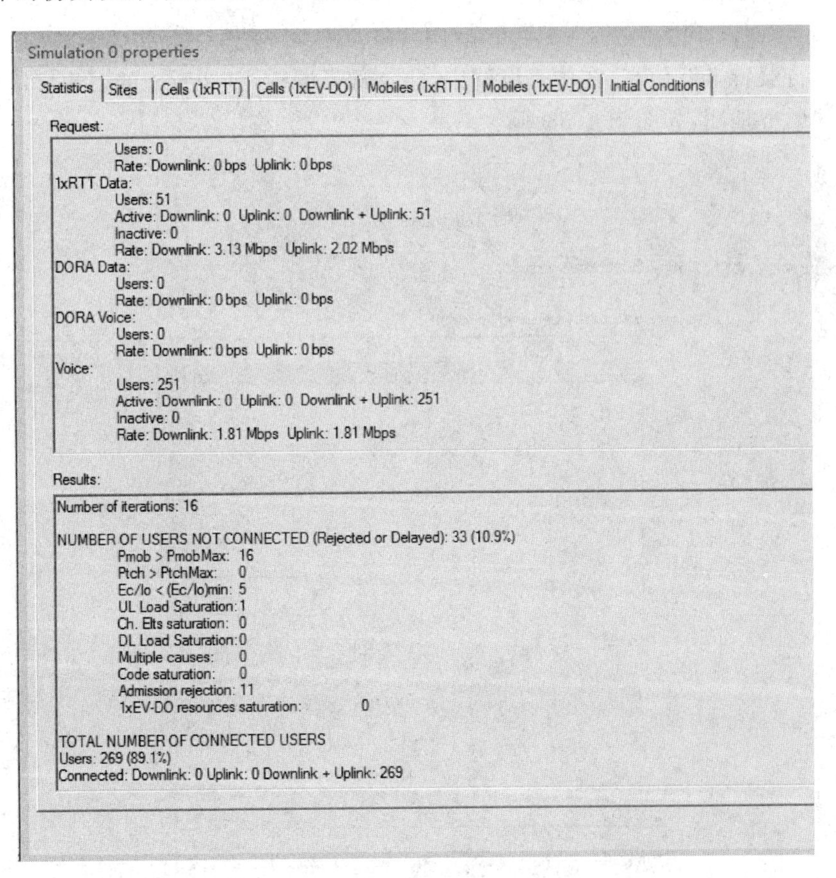

图 1.4.31 郊区话务地图仿真统计情况

可见,不符合要求的用户数为33个,占10.9%,符合要求的用户数为268个,占89.1%,效果良好。

(5) 绘制密集市区在中央、郊区在周围的话务地图,如图1.4.32所示。

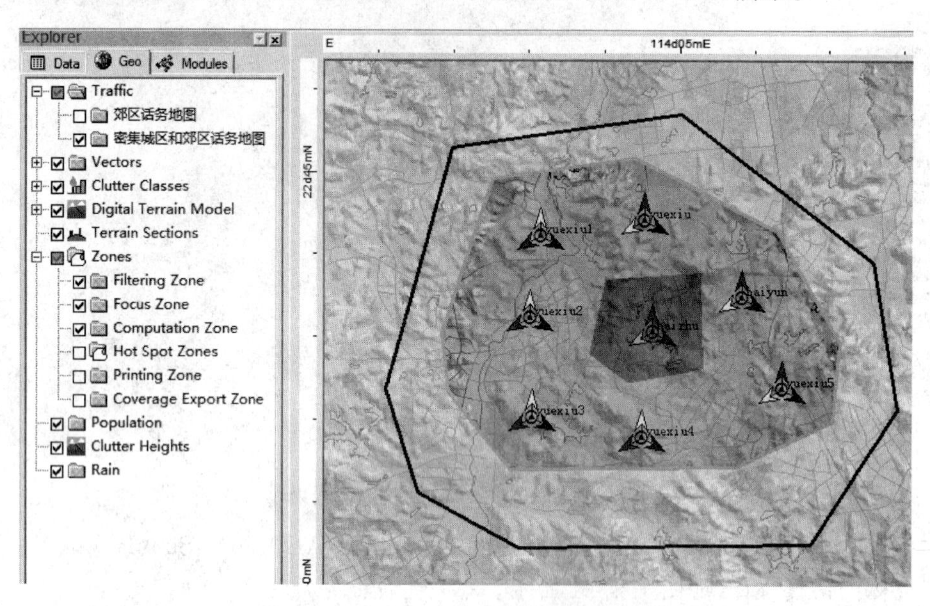

图1.4.32 绘制密集市区在中央、郊区在周围的话务地图

重新进行蒙特卡罗仿真,在仿真设置中,注意选择图1.4.32所画的密集市区在中央、郊区在周围的话务地图,如图1.4.33所示。

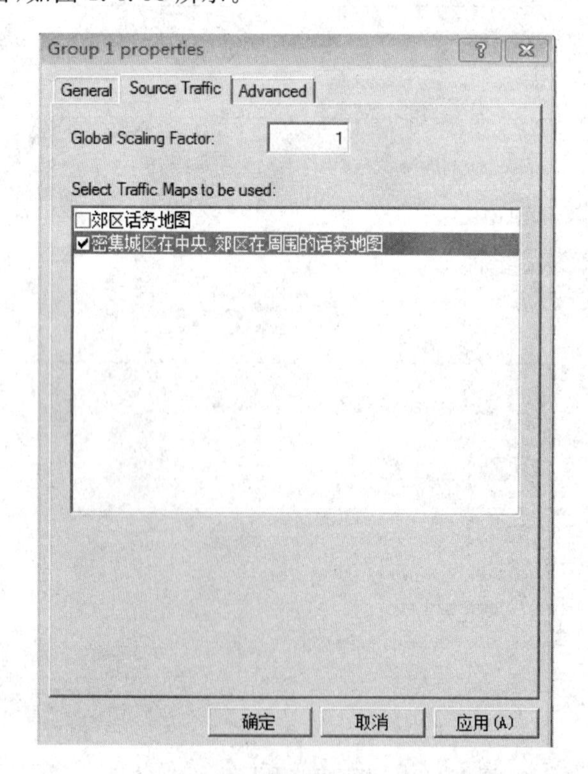

图1.4.33 选择密集市区在中央、郊区在周围的话务地图

仿真结果如图 1.4.34 所示。

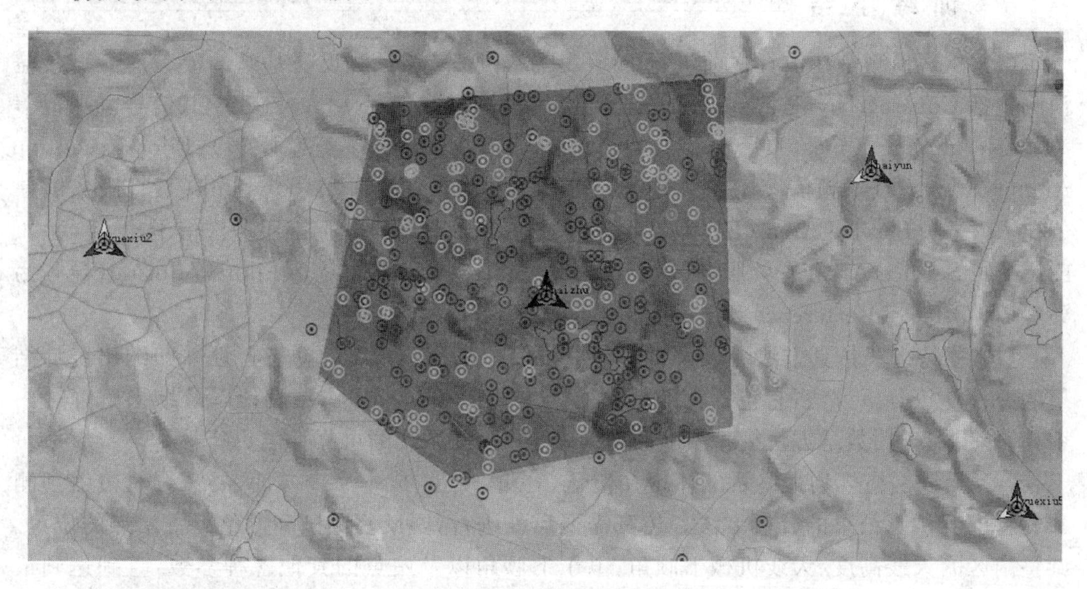

图 1.4.34　密集市区在中央、郊区在周围的话务地图仿真结果

从图 1.4.34 可见，在密集市区，出现较多的用户业务异常的情况。查看仿真统计情况，业务异常的比例达到了 46.4%，如图 1.4.35 所示。

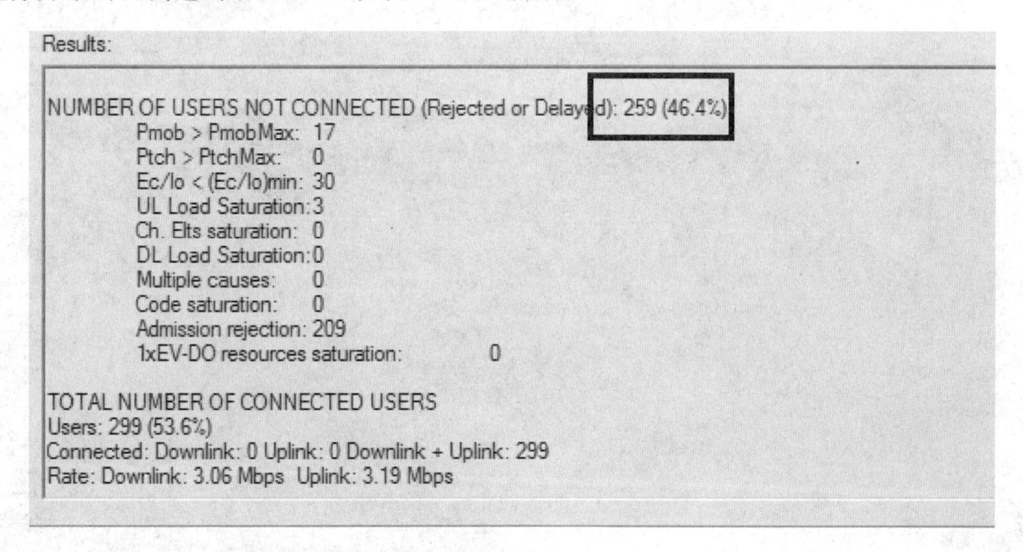

图 1.4.35　密集市区在中央、郊区在周围的话务地图仿真统计

可见，在密集市区业务异常较多，而在外面的郊区，业务异常较少。这种情况原因一般为，在密集市区由于业务容量大，覆盖满足要求，而容量不满足要求。遇到这种情况，可以考虑的方法有：

① 增加站点的布放密度，缩小每基站的覆盖范围；

② 增加载频数。

具体操作过程可由读者自行练习。

训练小结

(1) 覆盖预测是在仿真之前进行的，不用添加业务，该预测反映基站的覆盖性能。覆盖预测包括 Coverage by Transmitter(扇区覆盖率)、Coverage by Signal Level(信号电平覆盖率)、Overlapping Zones(重叠区域)、Downlink Total Noise(下行总噪声)、Pilot Reception Analysis(E_c/I_o)(导频信噪比 E_c/N_o 分析)、Service area(E_b/N_t) downlink(下行服务区信干比 E_b/N_t)、Service Area (E_b/N_t) 业务区域信干比、Uplink(上行服务区信干比 E_b/N_t)、Effective Service Area(有效服务区)、Handoff Status(软切换状态)、Pilot Pollution(导频污染)、PN Offset Interference Zones(PN 码干扰区)等。

(2) 蒙特卡罗仿真方法通过大量的计算机模拟来检验系统的动态特性并归纳出统计结果的一种随机分析方法，它包括伪随机数的产生，Monte Carlo 仿真设计以及结果解释等内容，其作用在于用数学方法模拟真实物理环境，并验证系统的可靠性与可行性。

(3) 无线网络规划最终目的体现在覆盖、容量、质量、成本 4 个方面，要掌握对覆盖预测和蒙特卡罗仿真结果的分析方法。仿真需要反复进行，要反复测试和调整设置站点的位置、调整扇区的天线高度、天线机械下倾角、电子下倾角以及站点的其他各种参数，直到达到最满意的结果为止。

项目二　无线网络优化

项目说明

移动通信网络的运营效率和运营收益最终归结于网络质量与网络容量问题，这些问题直接体现在用户与运营商之间的接口上，这正是网络优化所关注的领域。由于无线传播环境的变化以及频繁的扩容和升级的需要，网络优化工作成为各运营商极为关注的日常核心工作之一。网络优化人员迫切需要有一整套辅助工具来对网络进行测试、分析和诊断，从而定位或预测网络质量和容量问题，制订出网络优化方案或计划。

"中兴 ZXPOS 网络规划优化系统"是"中兴 ZXPOS 网络优化解决方案"的核心产品。

技能目标

任务一　优化软件的安装与使用
任务二　室内 CQT 测试
任务三　室外 DT 测试
任务四　CDMA 无线网络数据分析
任务五　案例分析

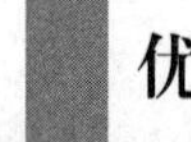

任务一 优化软件的安装与使用

训练描述

ZXPOS CNT1 和 CNA1 分别是专业的 2G/3G/4G 无线网络前台测试和后台分析平台,用于无线网络的性能测试和现场优化,以及基站、终端的品质测试。通过 ZXPOS CNT1,无线工程师可以实时观察网络无线参数、业务质量,并保存整个测试过程。记录的测试数据除了可以在 ZXPOS CNT1 中进行回放分析外,还可以输出到后台处理软件 CNA1 中作进一步的分析。

本训练将重点掌握 ZXPOS CNT1、CNA1 软件的安装和常用功能。

训练环境和设备

(1) 硬件:计算机。

(2) 软件:ZXPOS CNT1 路测软件、ZXPOS CNA1 分析软件、MapInfo MapX 、WinPcap。

训练要求

(1) 准备相关的安装文件。

(2) 掌握 ZXPOS CNT1、ZXPOS CNA1 软件的安装方法。

(3) 掌握软件的常用功能。

训 练 步 骤

01 双击安装文件 ZXPOS CNT1-C. exe,进入软件安装的欢迎界面,如图 2.1.1 所示。

图 2.1.1　ZXPOS CNT1-C 软件的安装欢迎界面

02 单击“Next”，将进入一个“License Agreement”对话框，用户只有选择“I agree to the terms of this license agreement”，如图 2.1.2 所示，才能继续单击“Next>”进入“User Information”对话框，如图 2.1.3 所示。

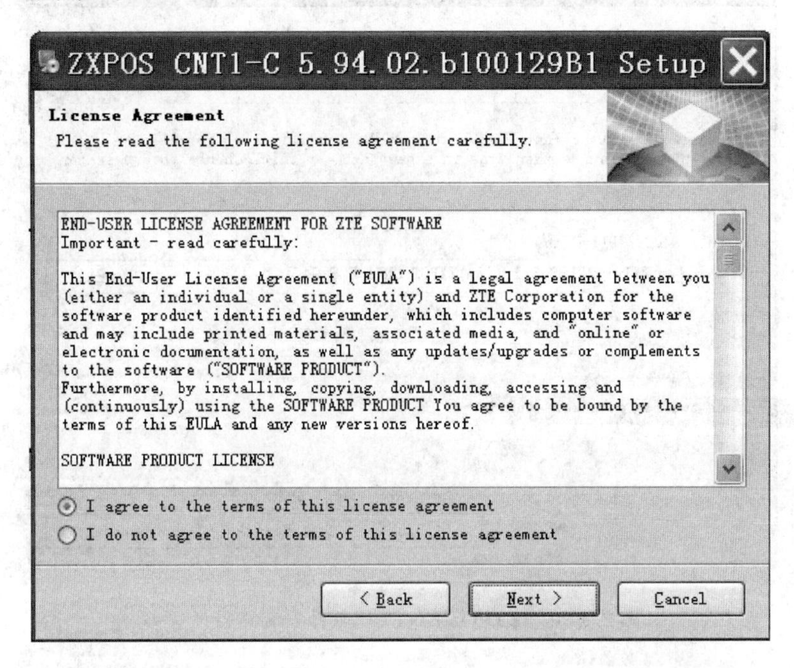

图 2.1.2　ZXPOS CNT1-C 软件的“License Agreement”对话框

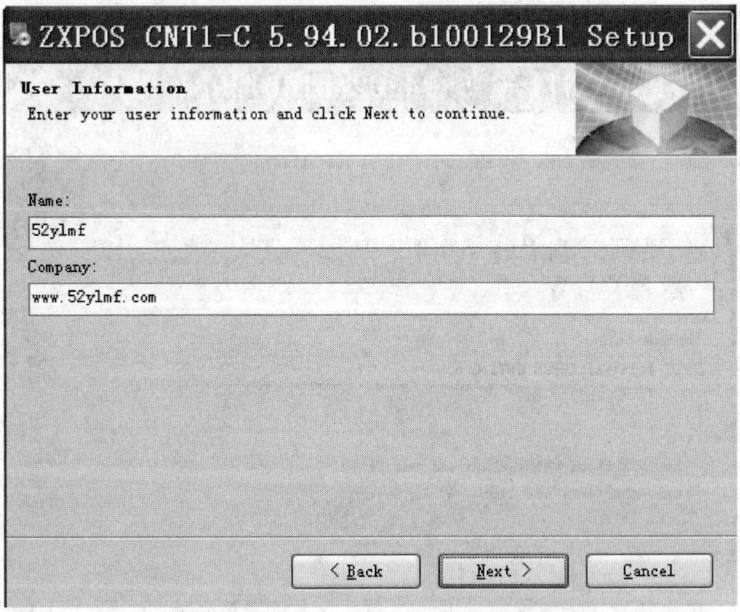

图 2.1.3　ZXPOS CNT1 软件的“User Information”对话框

03 单击“Next＞”，进入安装路径设置界面，如图 2.1.4 所示。

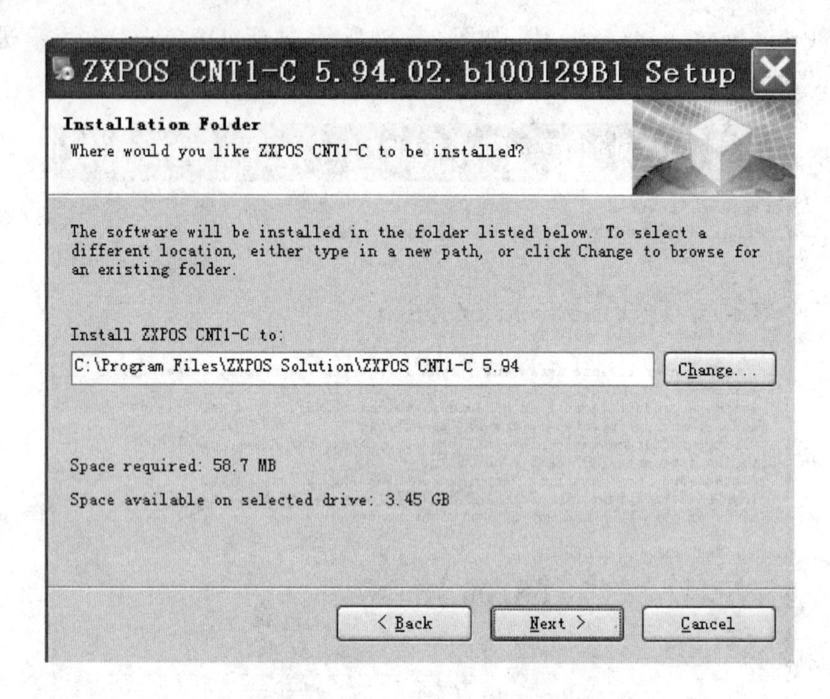

图 2.1.4　ZXPOS CNT1-C 软件安装路径设置

04 在图 2.1.4 中使用默认安装路径进行安装，单击“Next＞”进入“Shortcut Folder”选择界面，如图 2.1.5 所示，使用默认选项。

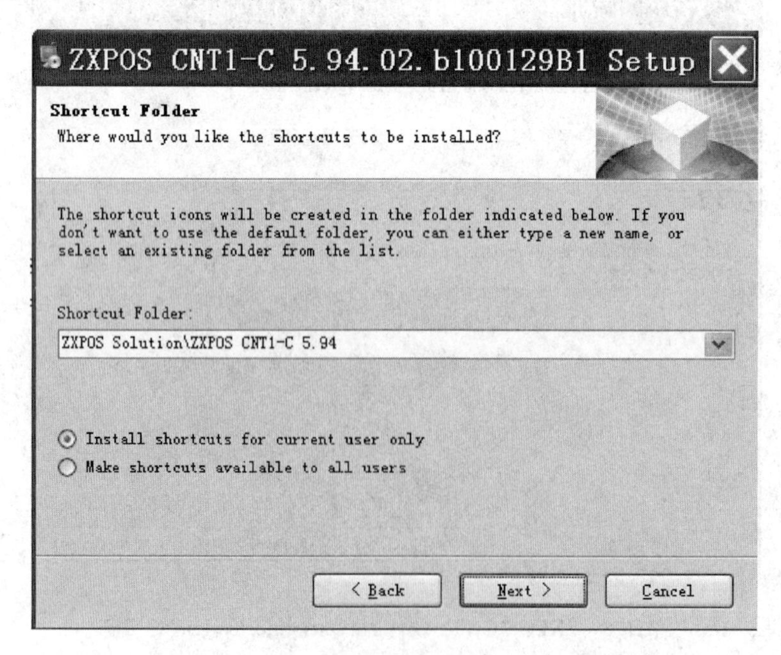

图 2.1.5　ZXPOS CNT1-C 软件“Shortcut Folder”选择界面

05 在图 2.1.5 中单击“Next>”进入软件功能模块选择安装界面，如图 2.1.6 所示，安装全部模块。

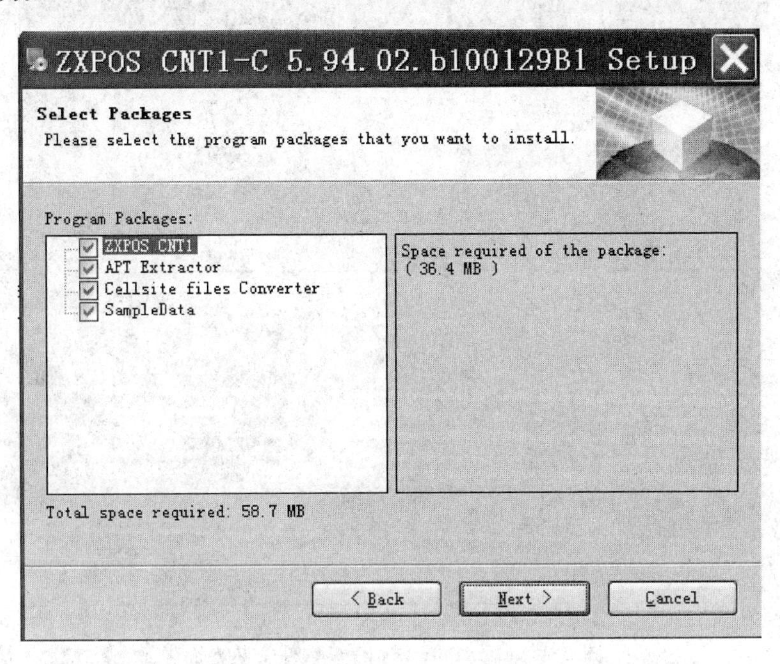

图 2.1.6　ZXPOS CNT1-C 软件功能模块选择界面

06 在图 2.1.6 中单击“Next>”进入软件准备安装界面，如图 2.1.7 所示。

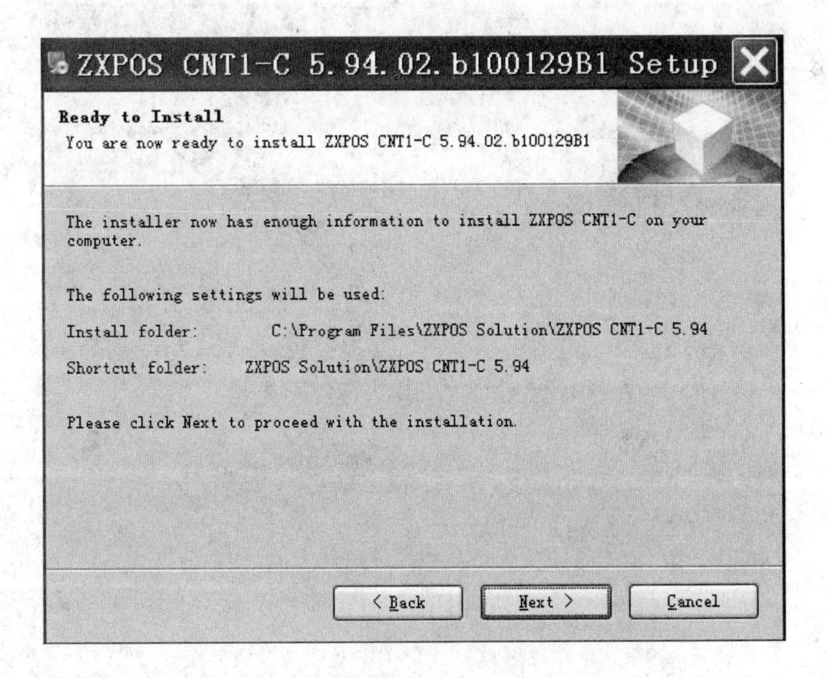

图 2.1.7　ZXPOS CNT1-C 软件准备安装界面

07 在图 2.1.7 中单击“Next>”进入软件安装界面，如图 2.1.8 所示

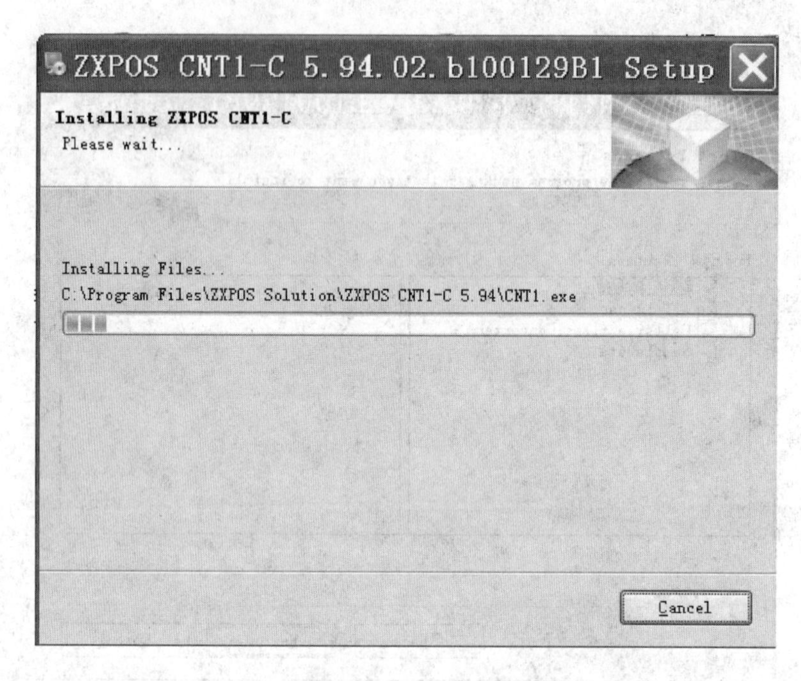

图 2.1.8　ZXPOS CNT1-C 软件安装界面

08 最后出现如图 2.1.9 所示的界面，单击“Finish”即可结束软件安装。

图 2.1.9　ZXPOS CNT1-C 软件安装完成界面

09 双击安装文件 ZXPOS CNA1-C. exe，步骤和安装 ZXPOS CNT1-C 完全相同，最后出现如图 2. 1. 10 所示的界面，单击“Finish”即可结束软件安装。

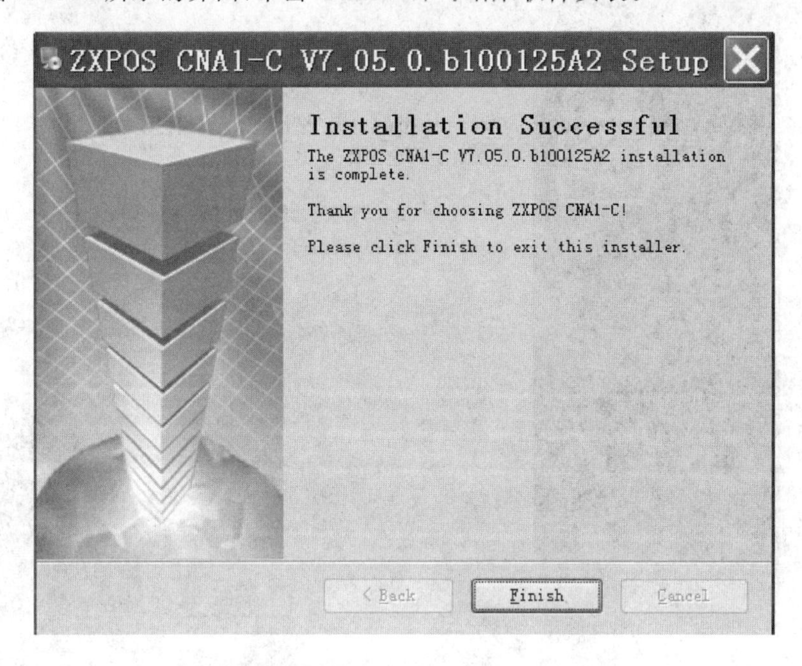

图 2. 1. 10　ZXPOS CNA1-C 软件安装完成界面

10 MapX 4. 51 是运行 ZXPOS CNT1 的支持工具软件。安装时，请注意把“Select Components”安装对话框中的“Graphics Format Support”选项选上，如图 2. 1. 11 所示。如没选上，ZXPOS CNT1 的 Map 窗口可能无法支持图形格式文件(包括 jpg、gif、bmp 格式文件)的导入和正常导出(导出文件的大小为 0 字节)。

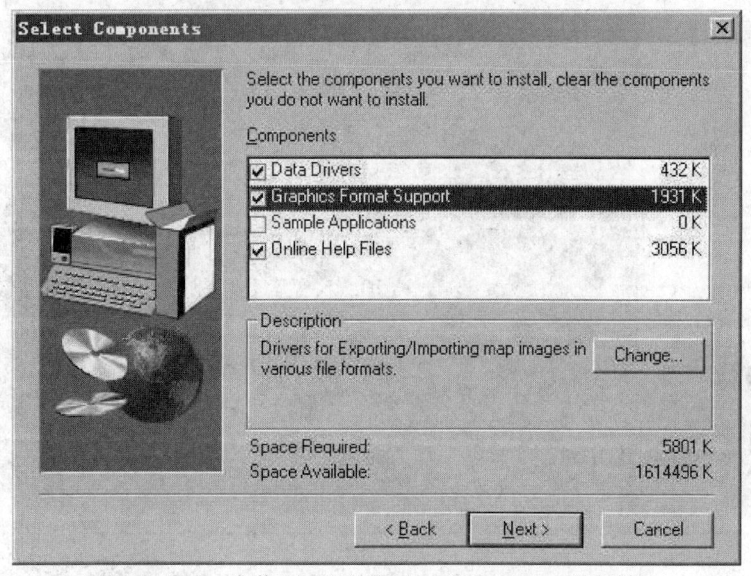

图 2. 1. 11　安装 MapX 的“Select Components”对话框

11 安装 WinPcap 4.1.2.exe,最后出现如图 2.1.12 所示的界面,单击“Finish”即可结束软件安装。

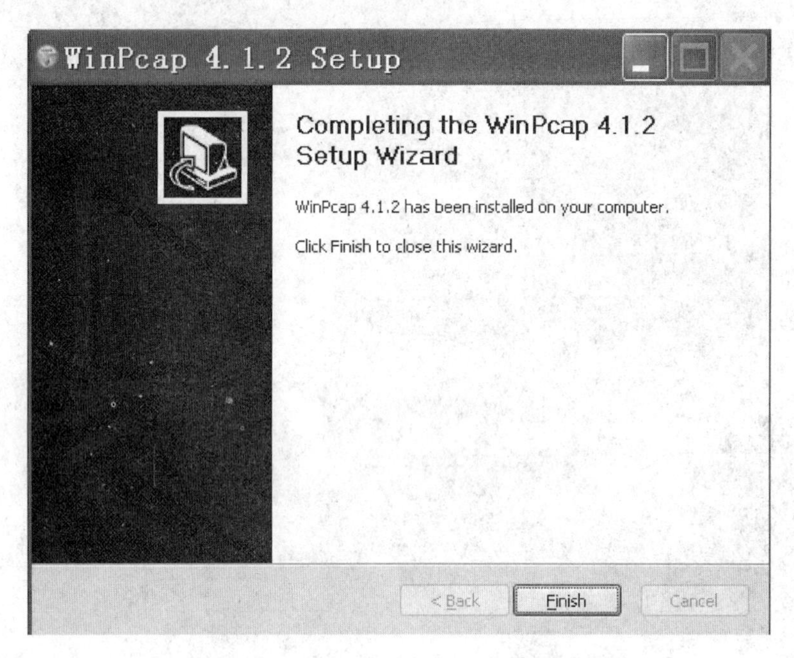

图 2.1.12 ZXPOS CNA1-C 软件安装完成界面

训练测试

启动软件 ZXPOS CNT1-C 和 ZXPOS CNA1-C,进入如图 2.1.13 和图 2.1.14 所示的软件界面,则表示软件已经安装完毕。

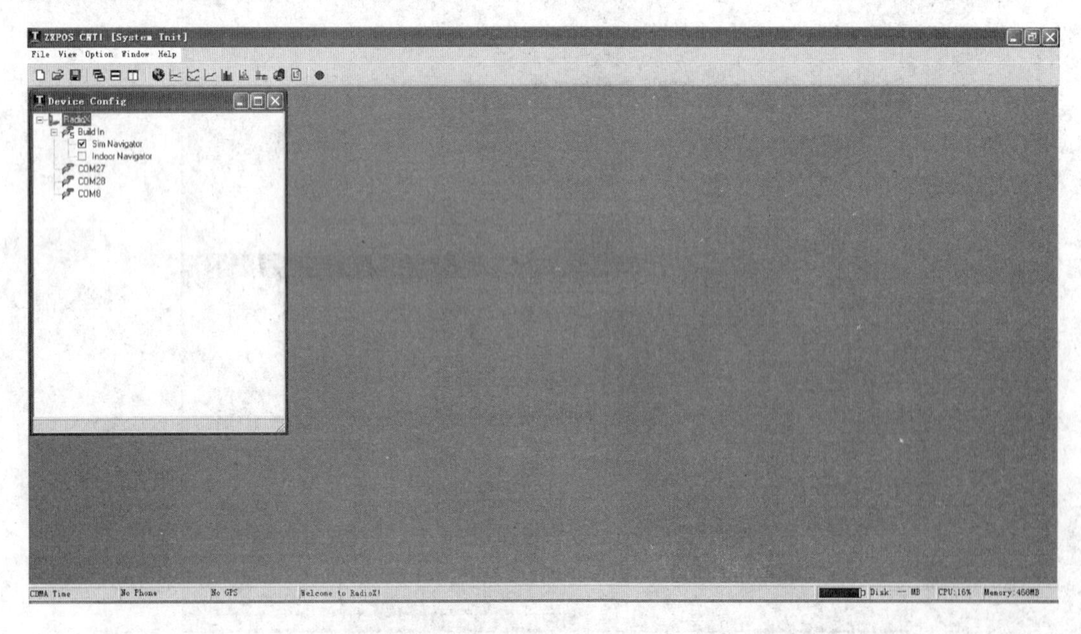

图 2.1.13 ZXPOS CNT1-C 启动后的界面

图 2.1.14　ZXPOS CNA1-C 启动后的界面

训练小结

(1) ZXPOS CNT1-C 和 CNA1-C 软件的安装过程跟其他的应用软件安装过程类似。

(2) ZXPOS CNT1-C 和 CNA1-C 软件对硬件的要求不高，在任何计算机中均可安装使用，因此可以在家用计算机中安装和使用，增加实际操作的机会。

(3) ZXPOS CNT1-C 和 CNA1-C 软件需要加密狗配合运行。

任务二  室内 CQT 测试

训练描述

在 ZXPOS CNT1-C 路测软件中：①将手机与笔记本式计算机连接；②启动 ZXPOS CNT1，进行硬件配置；③建立室内 CQT 测试工程；④载入室内测试地图，配合路径的预定义，或结合无预定义路径测试的方法完成测试。

训练环境和设备

(1) 硬件：笔记本式计算机、CDMA 测试手机和数据线。

(2) 软件：ZXPOS CNT1-C 路测软件、MapInfo MapX 、WinPcap、电子地图、基站信息表。

训练要求

(1) 准备相关的地图信息。

(2) 掌握 ZXPOS CNT1-C 室内 CQT 语音测试计划的建立过程。

(3) 掌握预定义测试路径操作和无预定义测试路线操作。

训 练 步 骤

01 将手机和 GPS 与笔记本式计算机连接，并确保应该安装好相应的驱动。

02 启动路测软件 ZXPOS CNT1-C，启动后界面如图 2.2.1 所示。

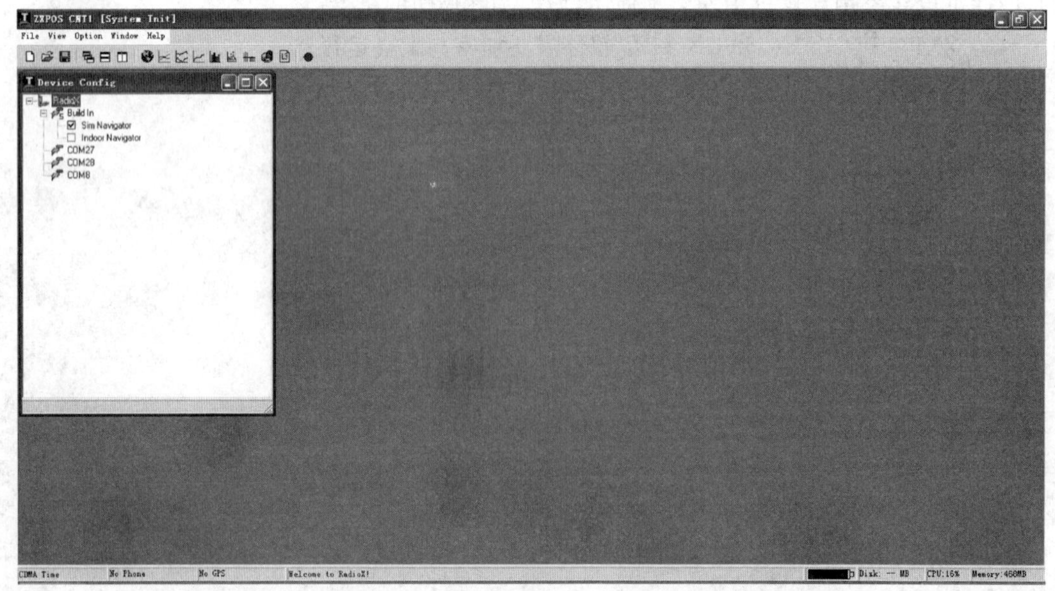

图 2.2.1 ZXPOS CNT1-C 启动后的界面

03 在 Device Config 窗口下单击连接着设备的端口名，单击鼠标右键，单击“Detect-Phone”或“DetectGPS”在对应的端口配置测试手机或 GPS。钩上“InDoor Navigator”，完成后如图 2.2.2 所示。

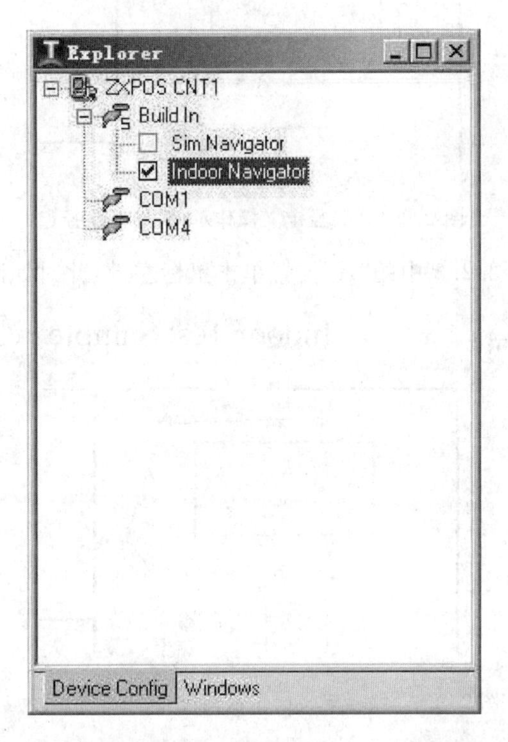

图 2.2.2　ZXPOS CNT1-C 选择室内 CQT 测试的界面

04 单击 ，显示室内测试 Route Map 窗口。默认的情况下，程序会自动装入一幅默认的室内测试图。单击室内测试控制工具条上的 ，可以装入室内地图。通过单击 Route Map 上的 ，使用图层控制功能，把室内地图给删掉。

05 预定义测试路径操作：单击 ，把鼠标的光标移到图 2.2.3 中“1”的位置，单击左键，此时可以定义测试路径的起点（为一个小正方块）。接着往“2”“3”位置，单击左键，就会看到如图 2.2.3 所示的预定义测试路径图。

如果要在图 2.2.3 中的“2”“3”路径点之间的“A”位置加入一个路径点，操作如下。使用 功能，选择第二个路径点，如图 2.2.4 所示。

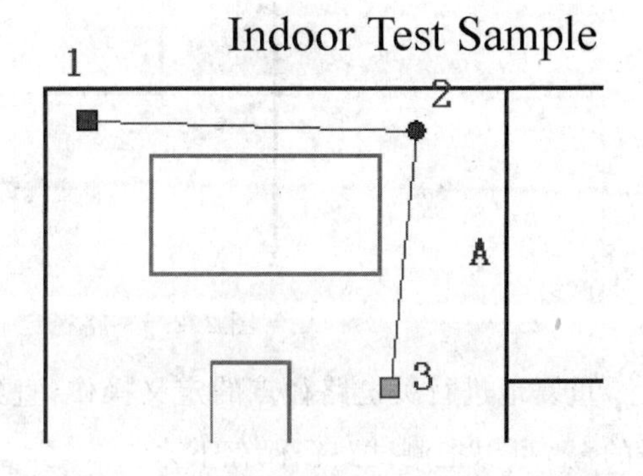

图 2.2.3　室内测试 Route Map 路径定义操作示例：定义测试路径界面

Indoor Test Sample

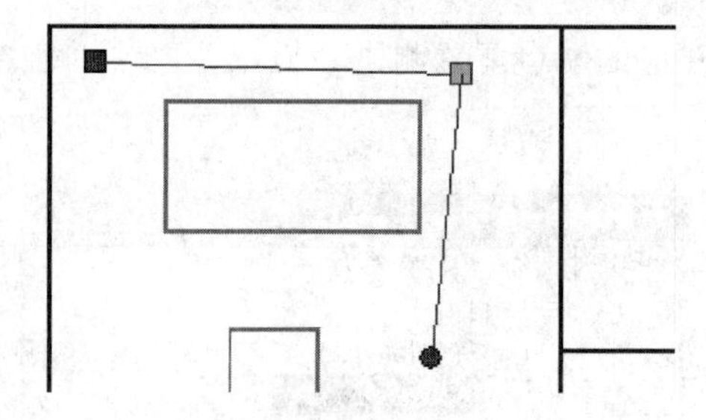

图 2.2.4　路径定义操作示例:选择路径点

接着单击，在图 2.2.3 中的“A”位置单击鼠标左键，此时如图 2.2.5 所示。

Indoor Test Sample

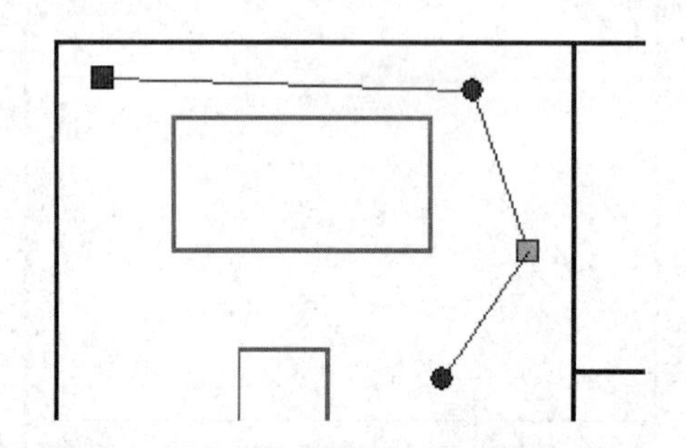

图 2.2.5　路径定义操作示例:往路径中加路径点

如果要删除图 2.2.3 中的“2”路径点，需单击，然后在“2”路径点的位置，单击鼠标左键，此时如图 2.2.6 所示。

Indoor Test Sample

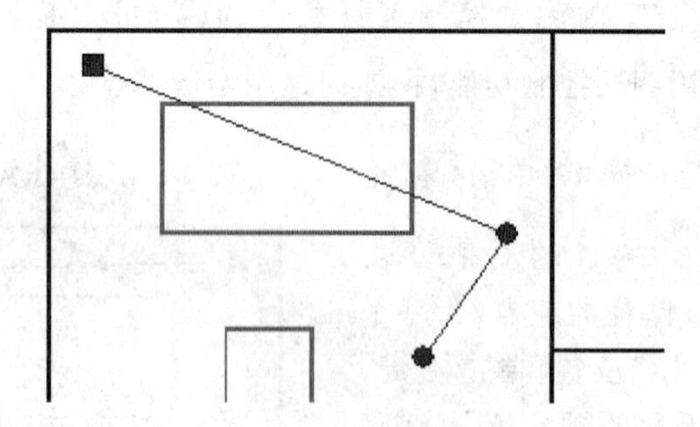

图 2.2.6　路径定义操作示例:删除路径点

重复地进行关键路径点的定义操作，直到完成测试路径的定义，最后使用室内测试工具条的，可以把测试路径保存下来。

06 无预定义路径测试操作:单击 Route Map 窗口上的，然后在室内测试地图中对应的起点位置单击鼠标的左键，如图 2.2.7 所示。

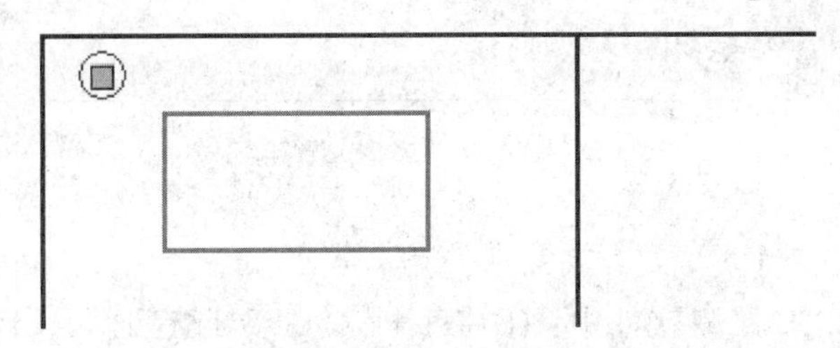

图 2.2.7　无预定义路径测试操作示例：定义起点位置

走到测试现场的下一个位置，然后在室内地图中对应的位置单击鼠标左键，如图 2.2.8 所示。

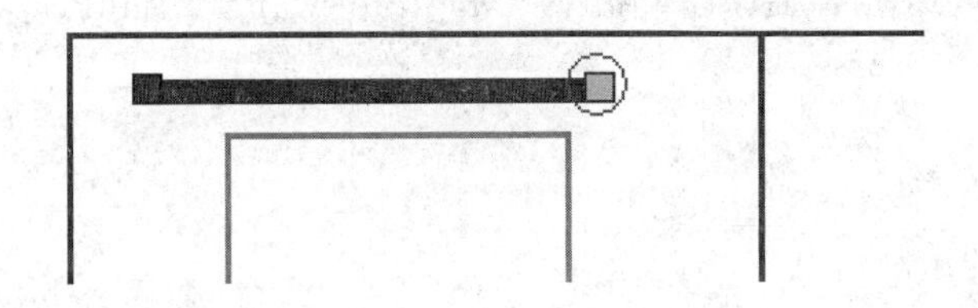

图 2.2.8　无预定义路径测试操作示例：走到下一个路径点

不断地重复上述操作，直到完成测试。

训练测试

在 ZXPOS CNT1-C 新建室内 DT 测试工程，设置好语音测试计划。

（1）导入地图文件，并进行预定义测试路径操作，如图 2.2.3 至图 2.2.6 所示。

（2）导入地图文件，并进行无定义测试路径操作，如图 2.2.7 和图 2.2.8 所示。

训练小结

（1）软件 ZXPOS CNT1-C 需要连接测试手机，并检测出相应设备。一般地，室内 CQT 测试不需要 GPS 接收机，因为在室内无法接收 GPS 信号。

（2）ZXPOS CNT1-C 需要加密狗进行操作。

（3）在室内 CQT 测试过程中，可以配合路径的预定义，也可以结合无预定义路径测试的方法完成测试。

任务三

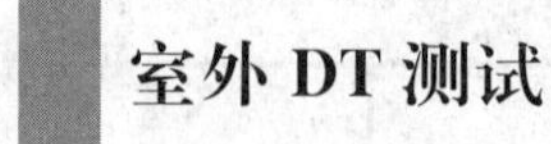

室外 DT 测试

训练描述

在 ZXPOS CNT1-C 路测软件中：①将手机和 GPS 与笔记本式计算机连接；②启动 ZXPOS CNT1，进行硬件配置；③建立室外 DT 测试工程，添加和设置语音测试计划并保存；④开始语音呼叫；⑤观察测试数据；⑥完成测试。

训练环境和设备

（1）硬件：笔记本式计算机、CDMA 测试手机和数据线、GPS、天线。

（2）软件：ZXPOS CNT1-C 路测软件、MapInfo MapX 、WinPcap、电子地图、基站信息表。

训练要求

（1）准备相关的地图信息。

（2）掌握 ZXPOS CNT1-C 室外 DT 语音测试计划的建立过程。

（3）掌握测试数据的各种分析图表。

训 练 步 骤

01 将手机和 GPS 与笔记本式计算机连接，并确保应该安装好相应的驱动。

02 启动路测软件 ZXPOS CNT1-C，启动后界面如图 2.3.1 所示。

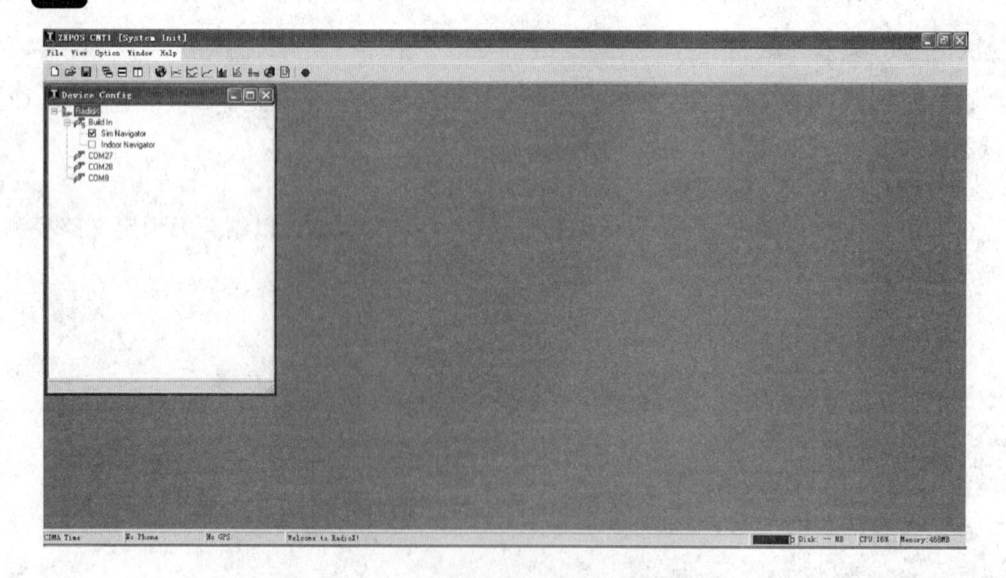

图 2.3.1　ZXPOS CNT1-C 启动后的界面

03 在 Device Config 窗口下单击连接着设备的端口名，单击鼠标右键，单击"Detect-Phone"或"DctectGPS"在对应的端口配置测试手机或 GPS。勾上"Sim Navigator"，完成后如图 2.3.2 所示。

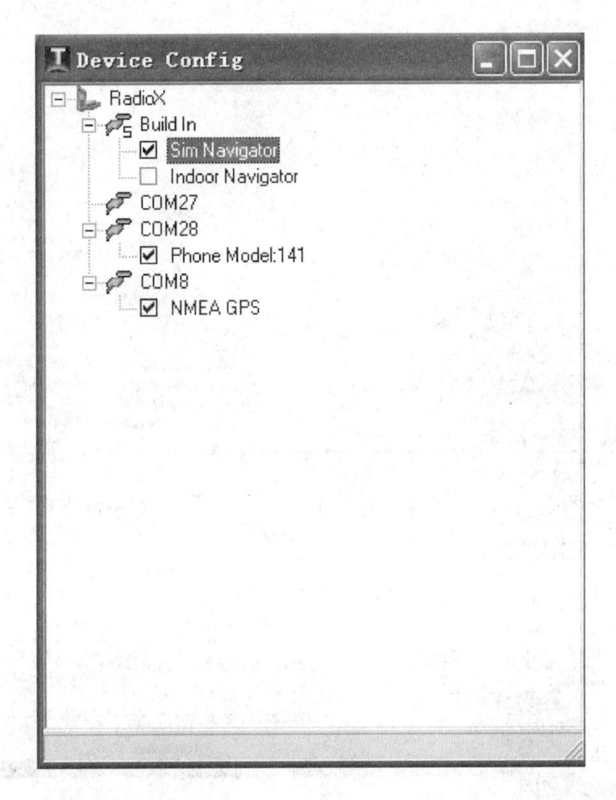

图 2.3.2　ZXPOS CNT1-C 选择室外 DT 测试的界面

04 添加和设置语音测试计划，通过选取"View"菜单下的" Call Monitor"，打开呼叫监控"Call Monitor" 窗口，如图 2.3.3 所示。

单击"＋"，添加一个新的计划，然后在上面选中并钩上该计划，可以在左边的"Current Plan"下面修改计划参数。

(1) Plan Name：测试计划项的名称。

(2) Call Number：呼叫号码。

(3) Service Option：呼叫使用的业务选项，语音业务可选为 EVRC。

(4) Call Pattern：呼叫方式，分主叫(Origination)和被叫(Termination)。

(5) Continuous Call：长呼叫，呼叫次数和呼叫时间设定无效。

(6) Redial if Drop：在进行 Continuous Call 时，掉话重拨。

(7) Call Count：呼叫次数。

(8) Setup Time：呼叫建立的最长时间。

(9) Call Time：呼叫保持的时间。

(10) TearDown Time：链路拆除的时间。

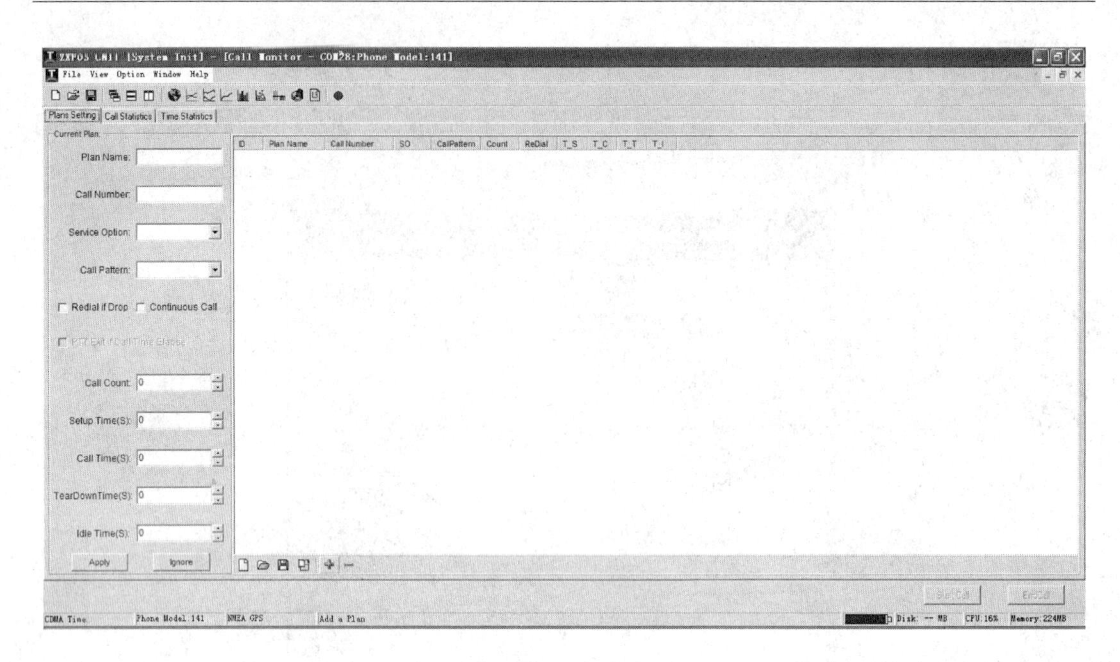

图 2.3.3　ZXPOS CNT1-C “Call Monitor”窗口的界面

(11) Idle Time:空闲的时间。

单击“Apply”修改计划参数,单击保存计划,完成后如图 2.3.4 所示。

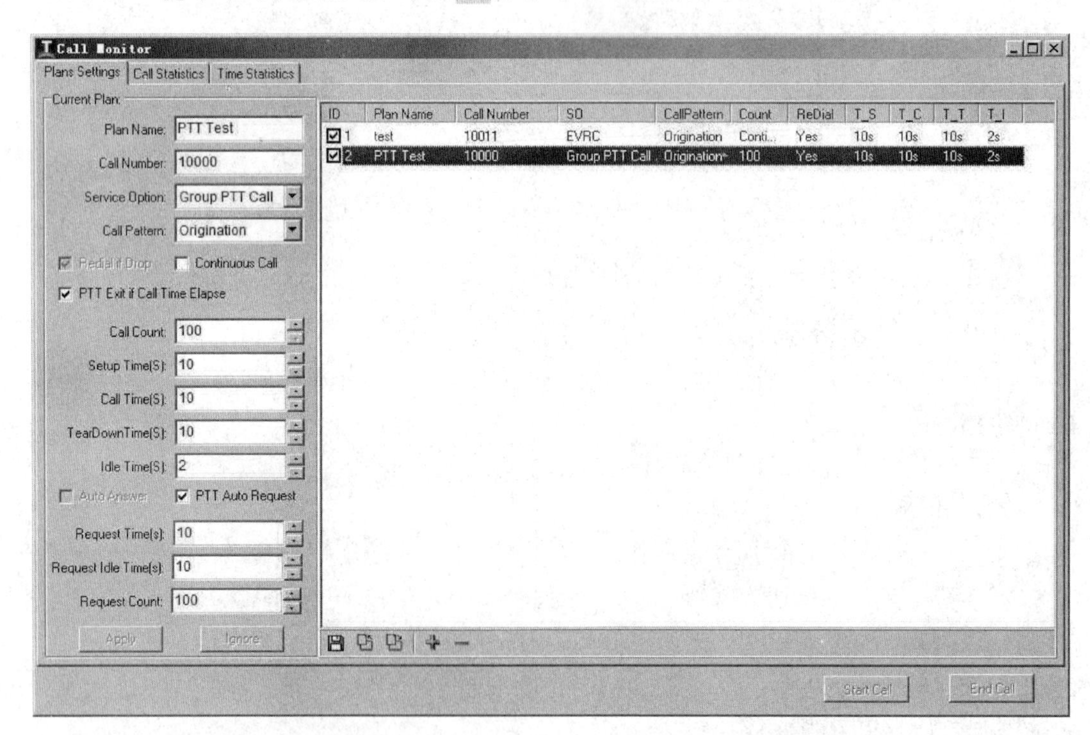

图 2.3.4　ZXPOS CNT1-C “Call Monitor”测试计划设置完成的界面

05 保存语音测试数据,单击主菜单“File”→“Save…”进入测试模式,保存测试数据,如图 2.3.5 所示。

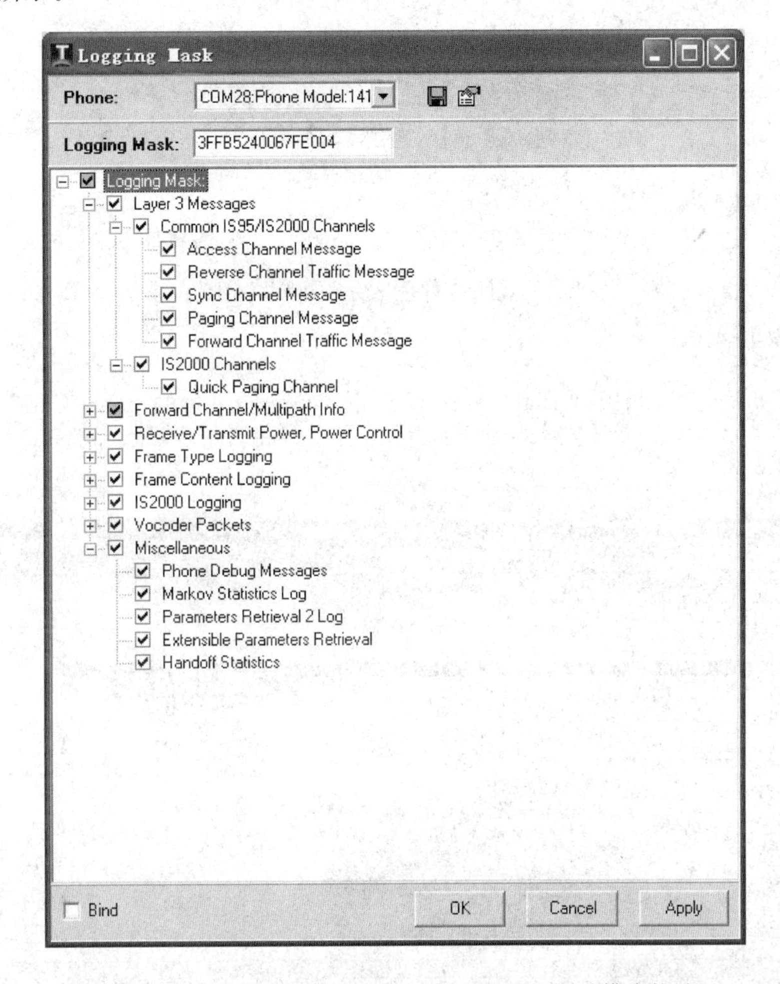

图 2.3.5　ZXPOS CNT1-C Logging Mask 进入测试模式的界面

Logging Mask 树形窗口显示的是当前终端能支持的数据项，选择哪一些需要保存。单击“Apply”后再单击“OK”，出现如图 2.3.6 所示的界面。

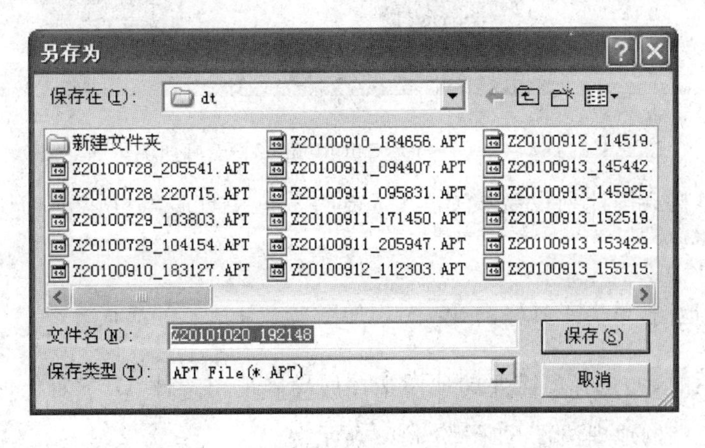

图 2.3.6　ZXPOS CNT1-C 保存语音测试数据的界面

选择保存路径，单击保存后开始记录测试数据。可以看到圆点变成了绿色，如图 2.3.7 所示。

图 2.3.7　ZXPOS CNT1-C 记录测试数据的界面

如果圆点为红色表示没有进行测试，黄色表示 LiveTesting，绿色表示 Logging，紫红色表示 Logging Pause。

06 开始语音呼叫，回到 Plans Setting 窗口后单击右下角的“Start Call”，开始语音呼叫测试，如图 2.3.8 所示。

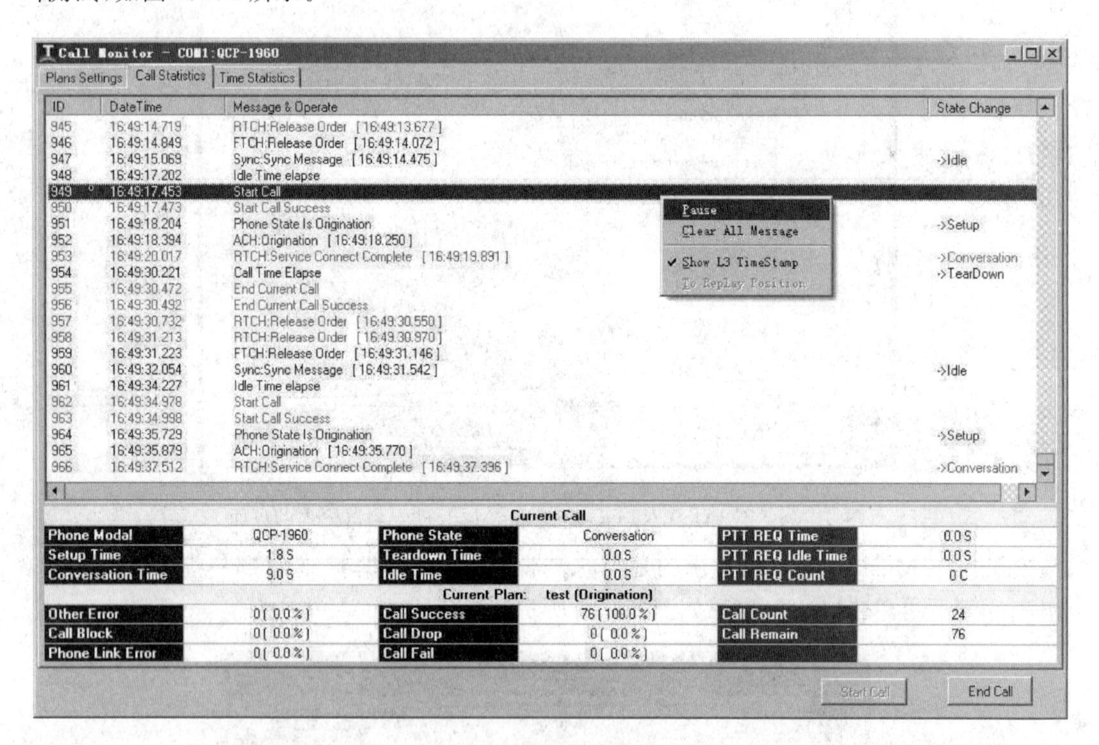

图 2.3.8　ZXPOS CNT1-C Call Monitor 语音呼叫测试的界面

可以看到手机会按计划设定拨打电话，被叫手机接听后就可以进行长时间的语音测试了。

07 导入地图，单击工具栏的，出现如图 2.3.9 所示的界面。

单击工具栏的，选择所需要的地图文件后导入地图文件，GPS 定位后可以看到红色圆圈即为目前所在的地理位置，如图 2.3.10 所示。

图 2.3.9　ZXPOS CNT1-C 打开导入地图的界面

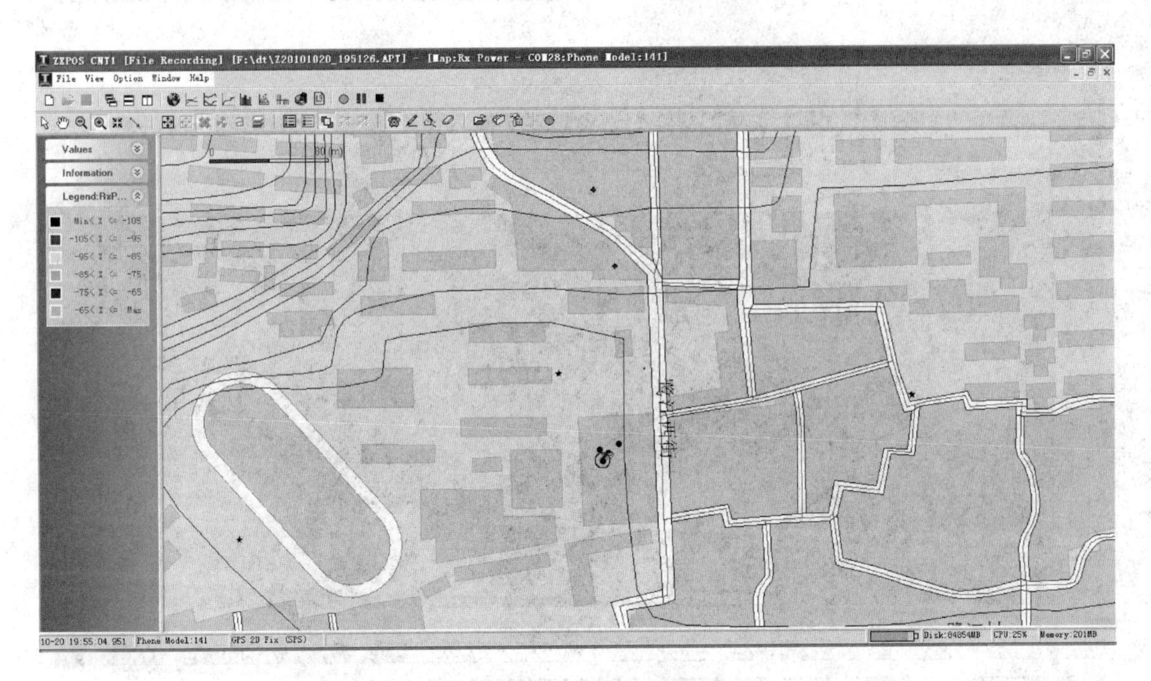

图 2.3.10　ZXPOS CNT1-C 导入地图文件后的界面

08 装载基站信息文件,单击“File”→“Load Cell Site…”可以导入基站信息文件,基站信息一般需要运营商提供。

09 观察测试数据,单击工具栏的 这些键,会弹出不同的窗口。图 2.3.11 为功率信息图，图 2.3.12 为激活集 E_c/I_o图，图 2.3.13 为误帧率图，图 2.3.14 为导频集柱状图，图 2.3.15 为瞬时分析图，图 2.3.16 为层 3 空口消息浏览图。

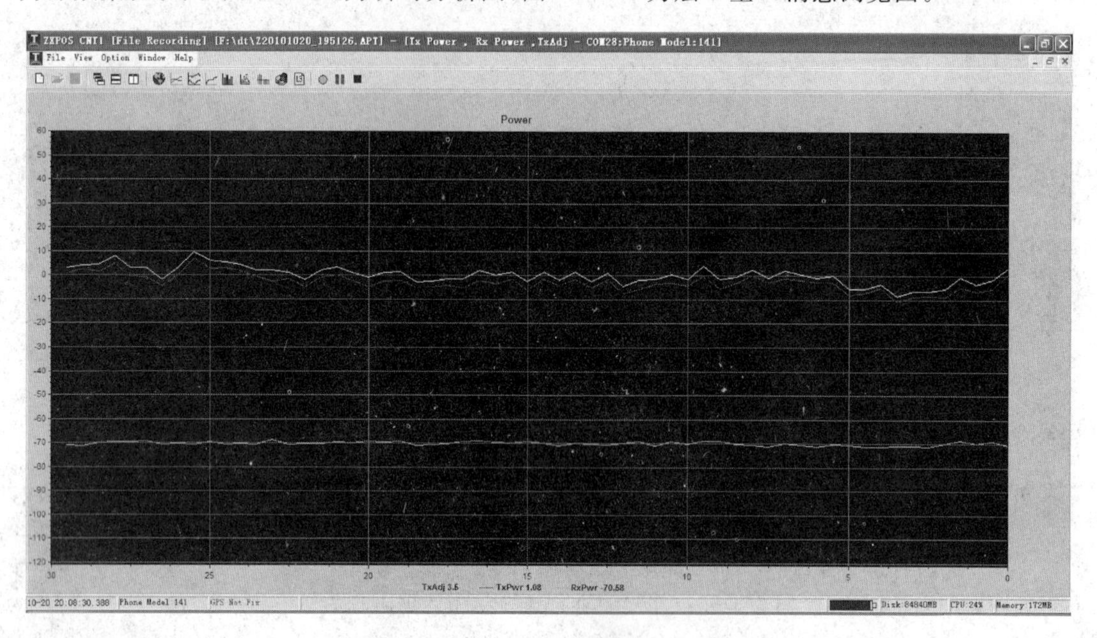

图 2.3.11　ZXPOS CNT1-C 测试数据功率信息图

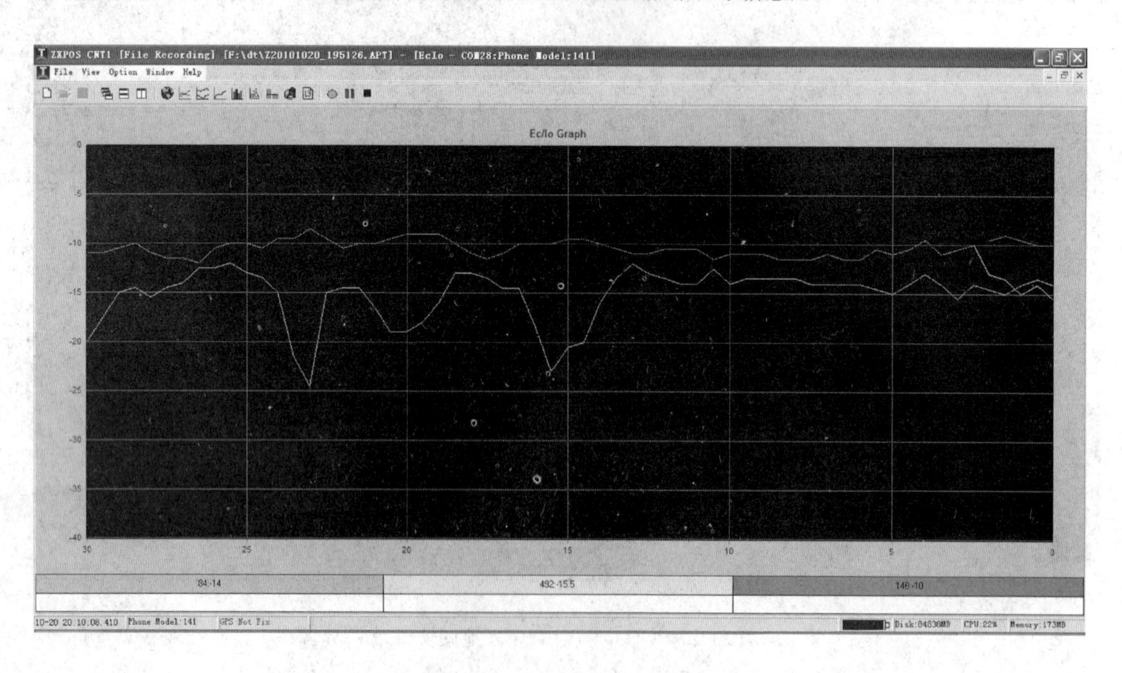

图 2.3.12　ZXPOS CNT1-C 测试数据激活集 E_c/I_o 图

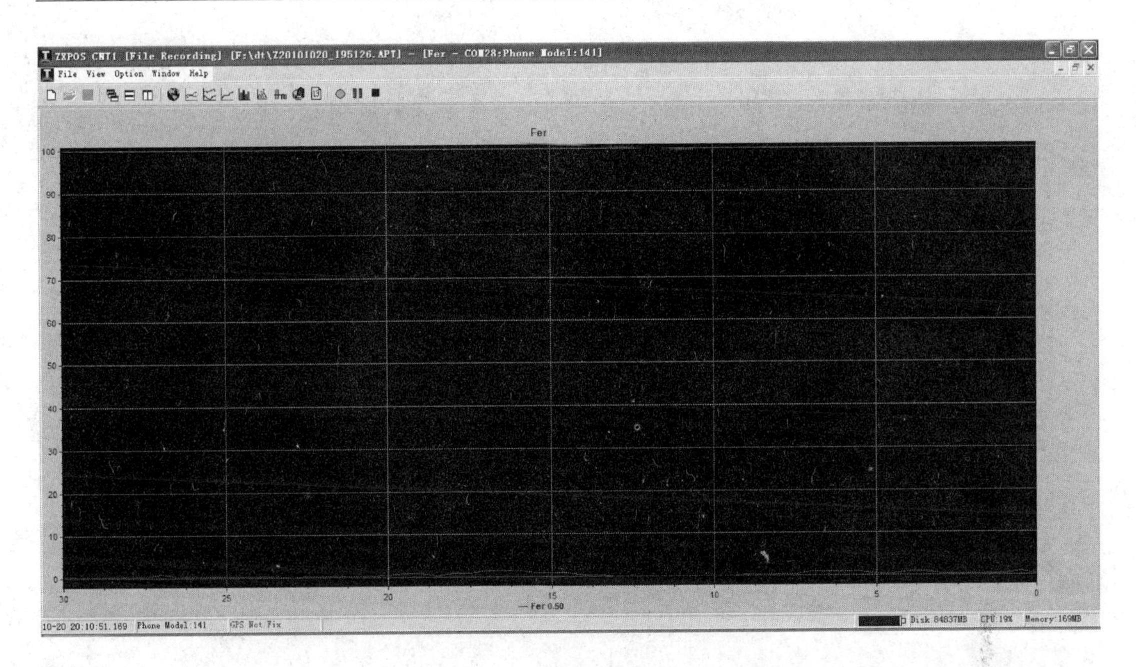

图 2.3.13 ZXPOS CNT1-C 测试数据激活集 E_c/I_o 误帧率图

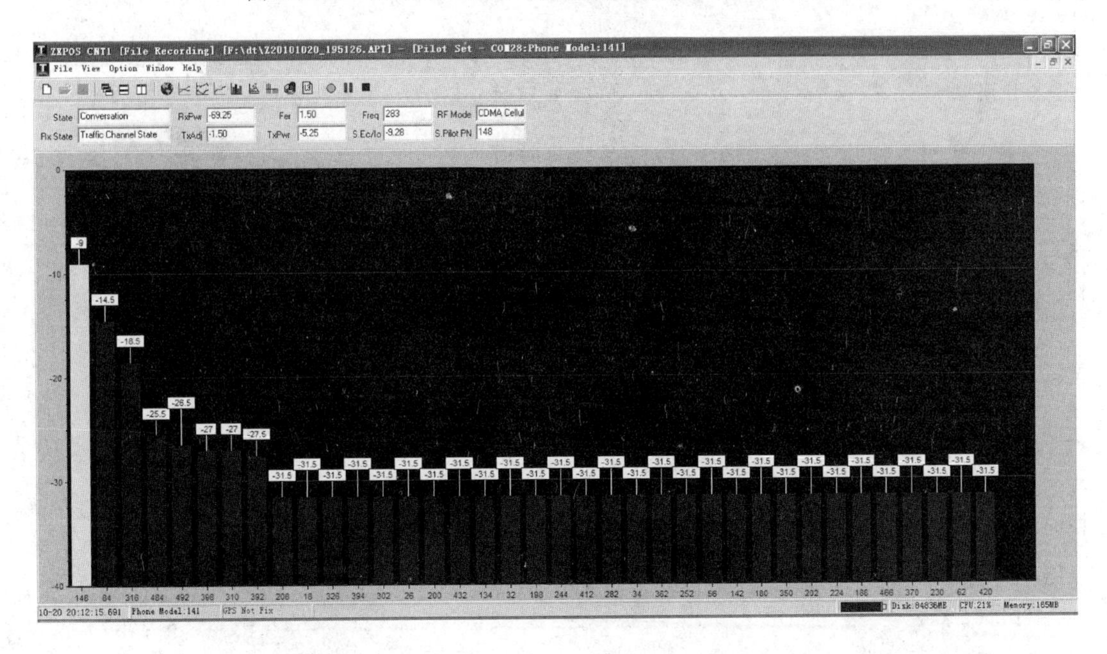

图 2.3.14 ZXPOS CNT1-C 测试数据导频集柱状图

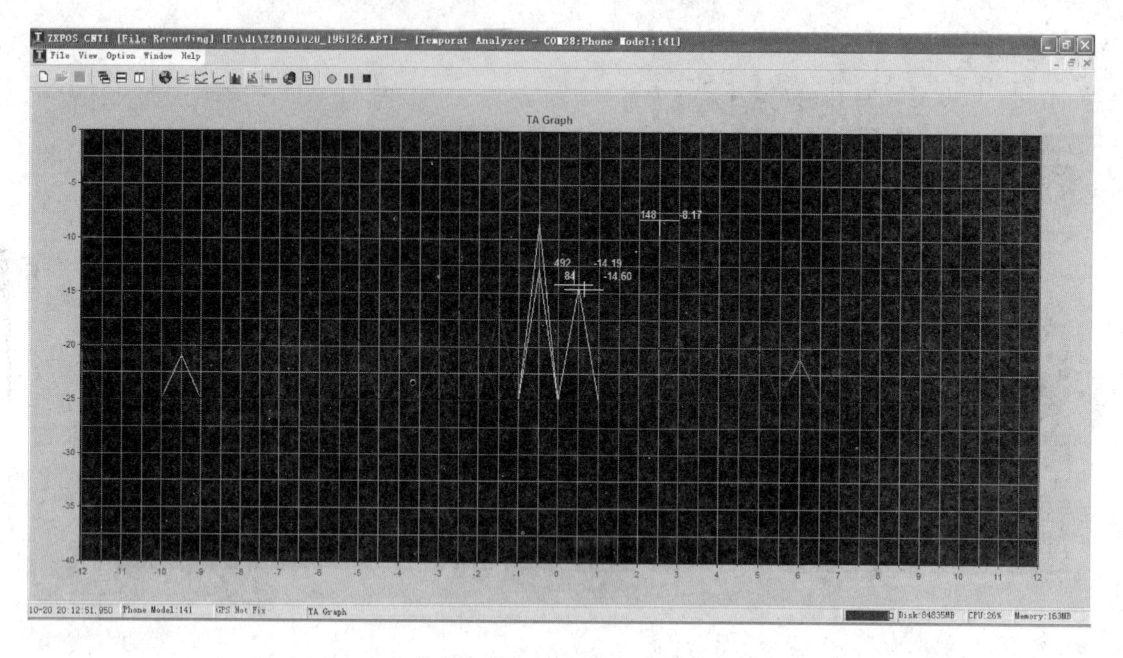

图 2.3.15　ZXPOS CNT1-C 测试数据瞬时分析图

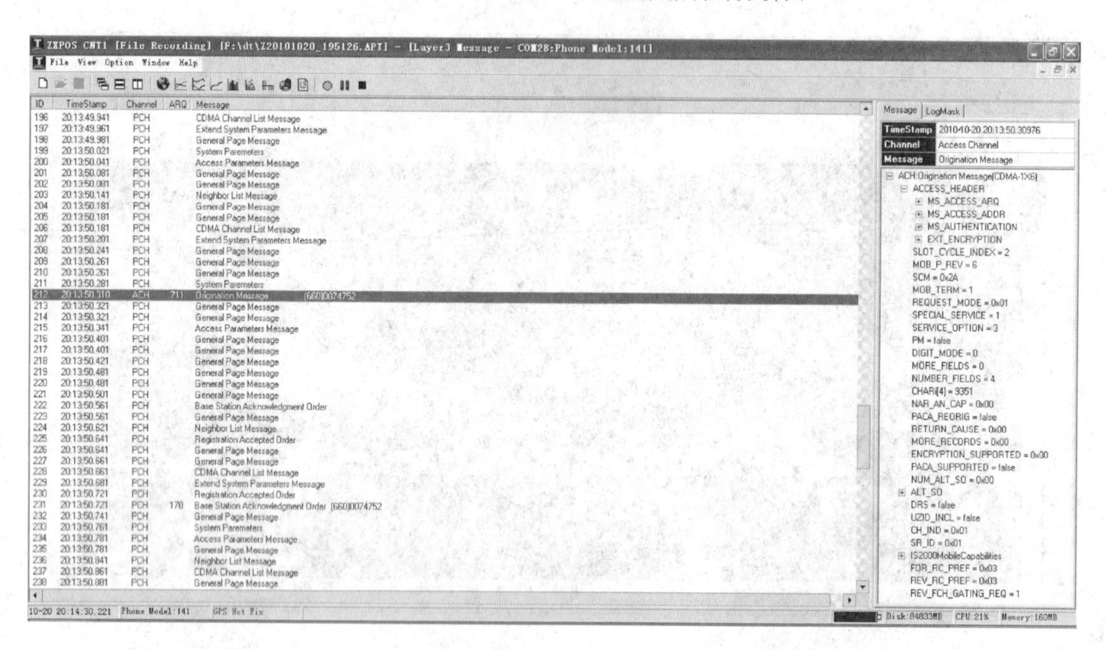

图 2.3.16　ZXPOS CNT1-C 测试数据层 3 空口消息浏览器

在“Plans Setting”窗口的“Time Statistics”栏下还可以看到时间统计图，如图 2.3.17 所示。

10 完成测试，单击 EndCall 后结束呼叫测试，单击 ■ 停止记录数据，测试完成。

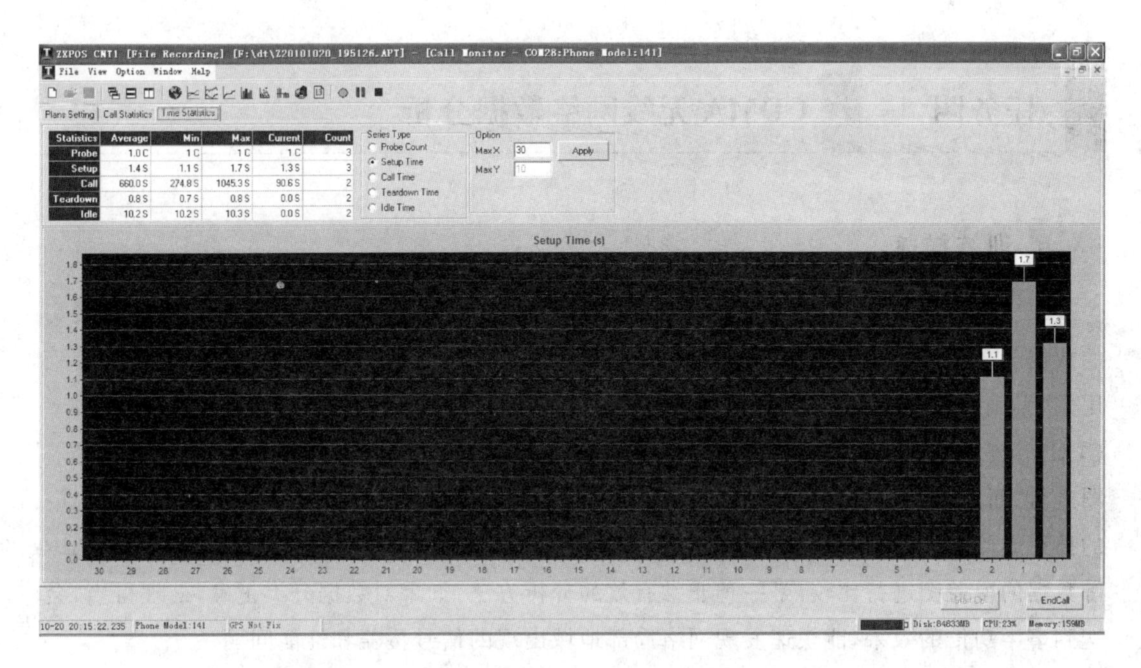

图 2.3.17　ZXPOS CNT1-C 测试数据时间统计图

训练测试

在 ZXPOS CNT1-C 新建室外 DT 测试工程,设置好语音测试计划。

(1) 导入地图文件,并进行语音呼叫,如图 2.3.10 所示。

(2) 观察测试数据,如图 2.3.11 至图 2.3.17 所示。

训练小结

(1) 软件 ZXPOS CNT1-C 需要连接测试手机和 GPS,并检测出相应设备。

(2) ZXPOS CNT1-C 需要加密狗进行操作。

(3) 设置语音测试计划时需要根据实际需要填写参数,如一般进行语音主叫测试时可拨打运营商客服电话。

任务四  CDMA 无线网络数据分析

训练描述

CDMA 移动通信网络建成以后，往往需要多次路测来对网络进行评估，一次路测采集的数据会产生高达数百兆字节的文件，对其进行分析是非常复杂的工作。技术人员一般采用先“粗”后“细”的工作方法，即先对所采集的手机接收电平(RxPower)、手机发射功率(TxPower)、导频强度(E_c/I_o)、前向信道误帧率(FFCHFER)等数据绘制出的不同的覆盖图进行“面”分析；再根据采集的网络信令消息，如切换指示消息、业务连接消息等对路测中的掉话或接入失败等进行进一步的“点”分析。利用 RxPower、TxPower、E_c/I_o、FFCHFER 等数据的覆盖图进行比较，是一种非常有效的分析方法，如果对数据分类正确，处理得当，会达到事半功倍的效果，能快速发现网络局部地域出现的信号覆盖和性能问题。

本训练将采用中兴 ZXPOS CNA1 软件对 CDMA 测试数据进行分析，掌握 CDMA 路测数据的分析流程，能够导入采集的 cdma2000 无线网络数据，能够导入地图和基站信息表，并能够对数据进行分析和统计，掌握数据报表的处理方法和无线网络测试报告的撰写方法，如图 2.4.1 所示。

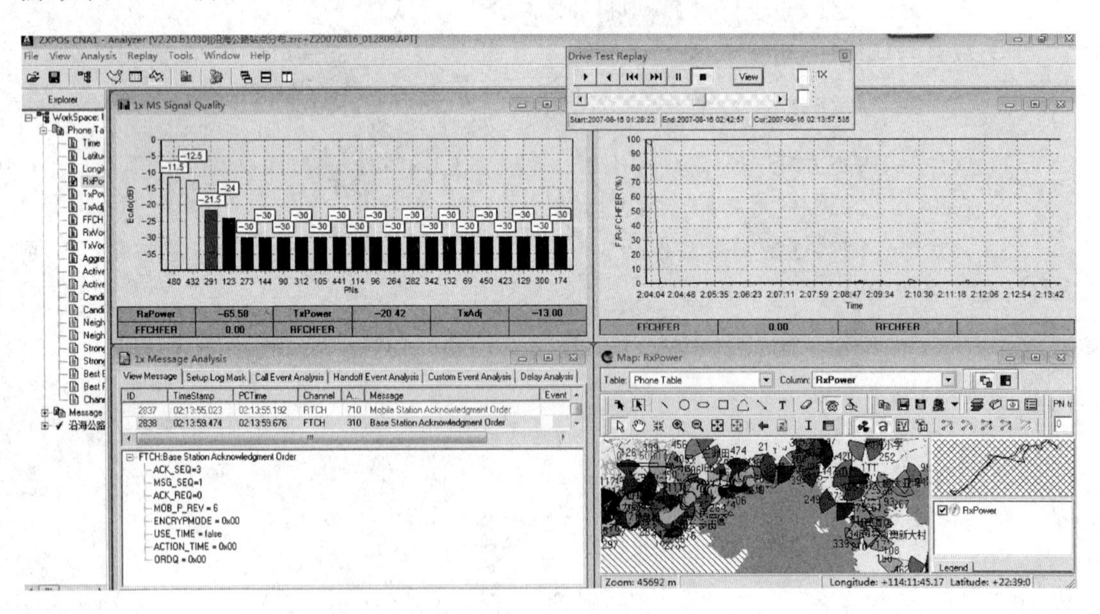

图 2.4.1　CDMA 无线网络数据分析操作界面

训练环境和设备

(1) 硬件：计算机。

（2）软件：ZXPOS CNA1，由中兴通讯股份有限公司出品。

训练要求

（1）准备相关的工程测试数据。本书以随书电子资源"\CNA\CDMA_data"里面的工程测试数据作为源数据进行分析。

（2）掌握借助软件分析工具对采集数据进行分析的流程。

（3）能够对采集的无线数据进行分析，撰写测试报告，并能够提出合理的无线网络改进措施。

训练步骤

01 加载采集数据操作

单击 ZXPOS CNA1 主界面"File"→"Open"菜单项，可选择一个或多个文件进行加载。打开随书电子资源"\CNA\CDMA_data\数据 1-某沿海公路" 文件夹，选择". APT"为文件后缀的路测数据文件，如图 2.4.2 所示。

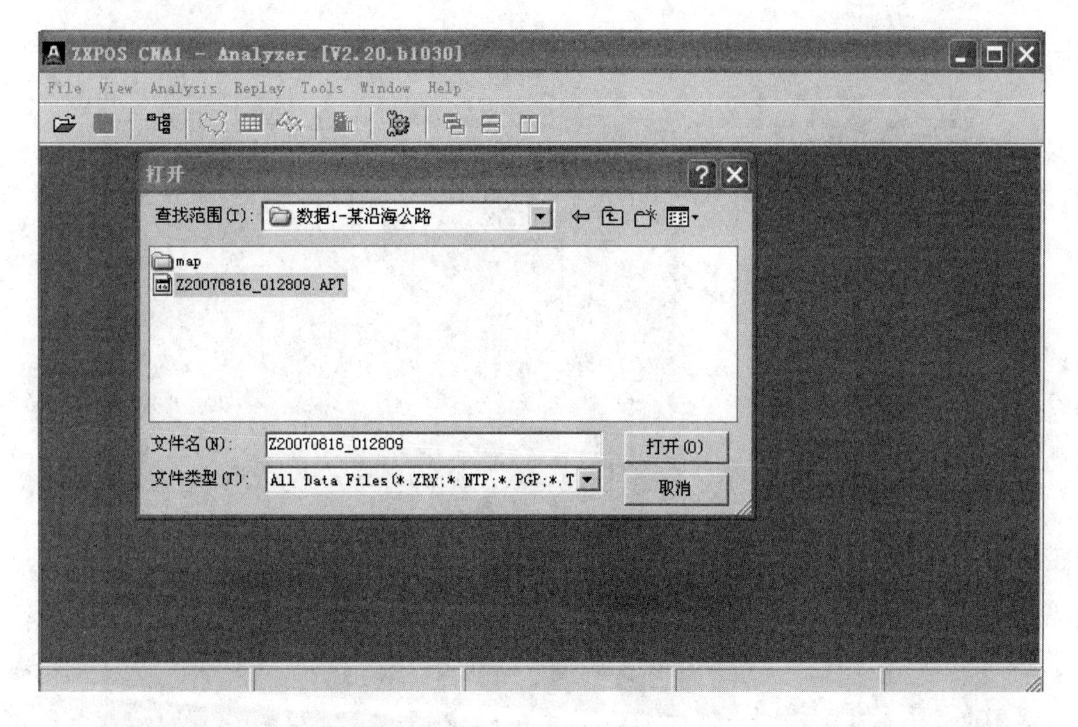

图 2.4.2　加载测试数据

加载数据时的进度条有两个，如图 2.4.3 所示，上面的进度条表示当前数据表的加载进度，下面的进度条表示整个数据文件的加载进度。

文件打开后，ZXPOS CNA1 主界面左侧的浏览 Explorer 树将增加该文件节点，如图 2.4.4 所示。

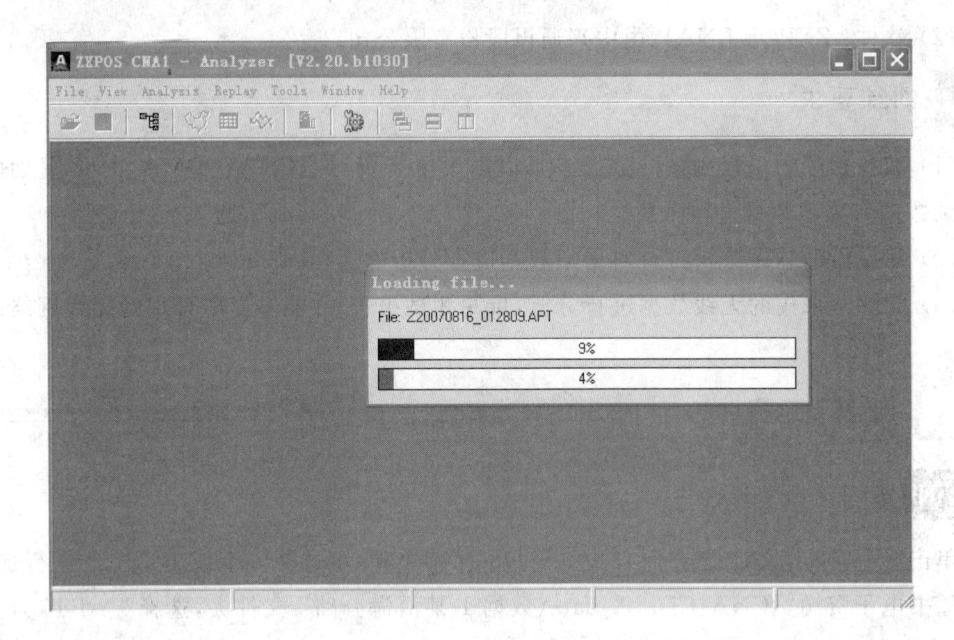

图 2.4.3　加载进度显示

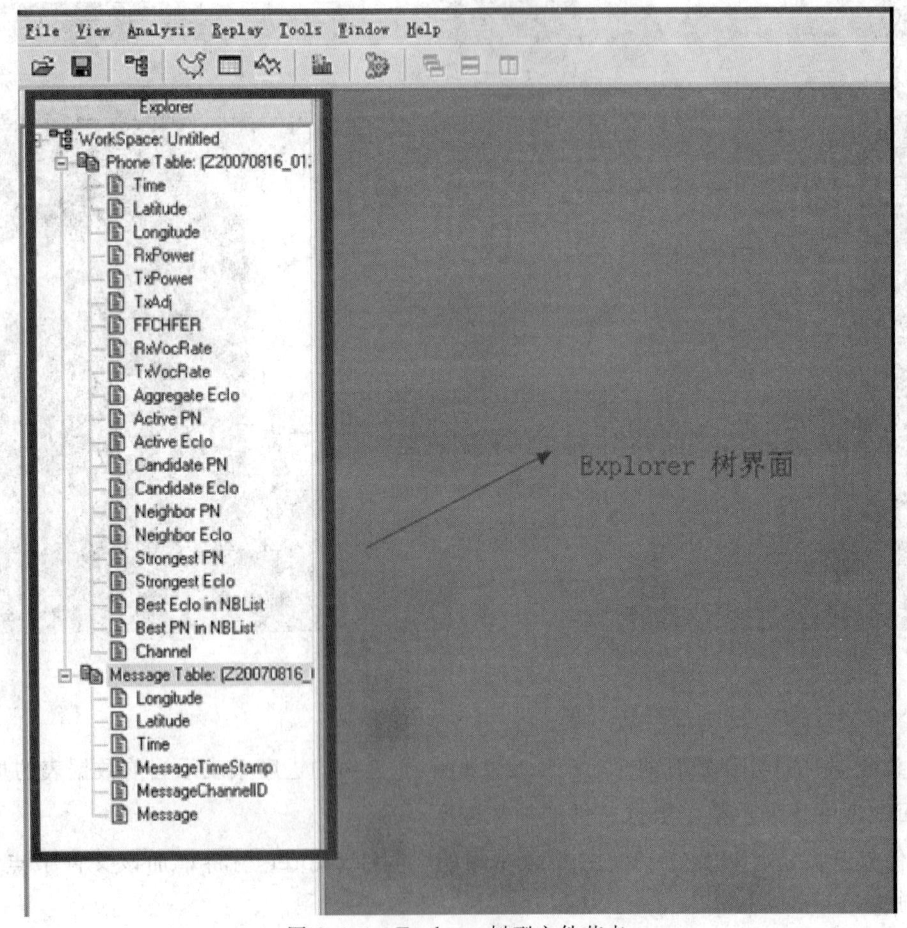

图 2.4.4　Explorer 树型文件节点

02 加载采集数据区域的基站信息

依次单击“File”→“Load Cellsite Database”菜单，如图 2.4.5 所示。

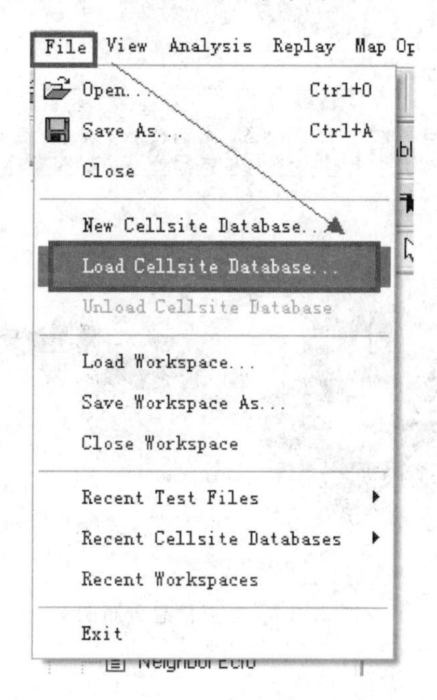

图 2.4.5　选择加载站点数据菜单

如图 2.4.5 操作后，进行下一步操作，选择随书电子资源“\CNA\CDMA_data\数据1-某沿海公路”文件夹下以“.zrc”为后缀的站点信息文件“沿海公路站点分布.zrc”，如图 2.4.6 所示。

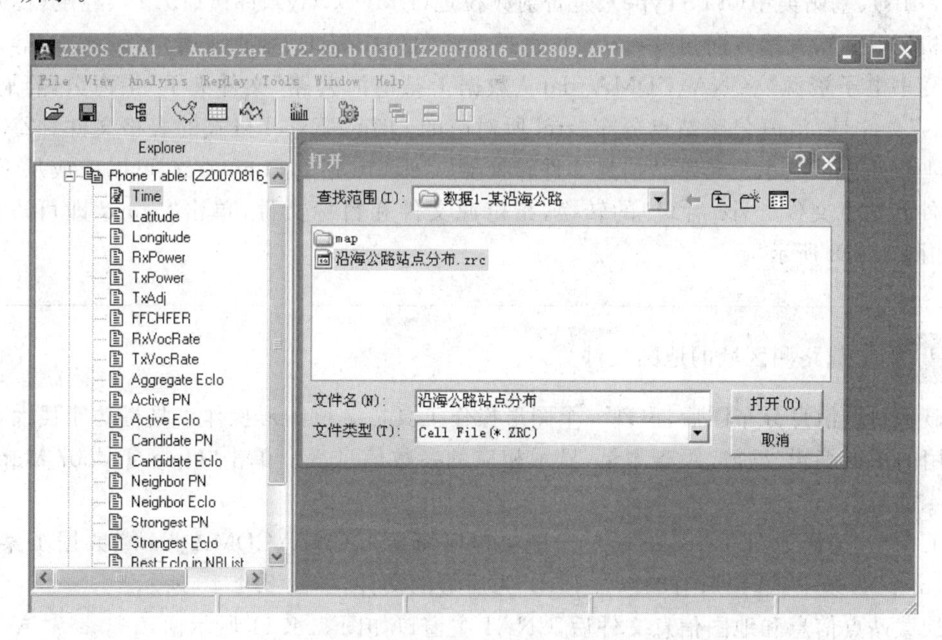

图 2.4.6　加载站点信息文件(.zrc 为后缀)

加载站点信息后，在 CAN1 主窗口 Explorer 栏可以看到“沿海公路站点分布.zrc”目录树，单击该目录树，右键选择“New Cell Map”菜单，则可显示站点信息分布地图，如图 2.4.7 所示。

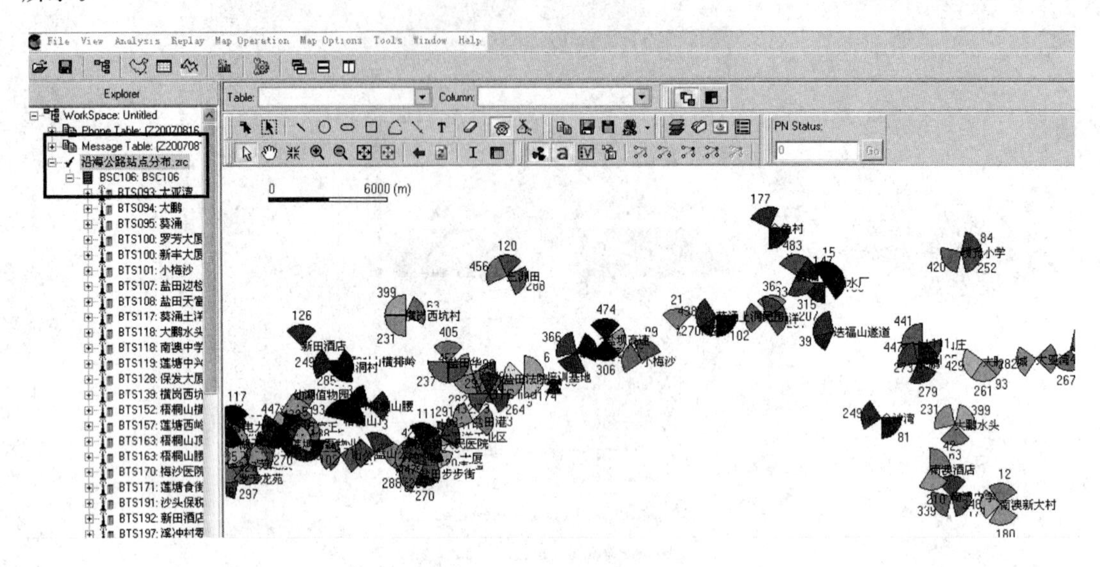

图 2.4.7 站点信息分布图

提示

站点信息文件内容为各基站参数的详细列表，列表内容自左往右依次包括基站的站点名称(BaseName)、小区名称(CellName)、基站子系统号(BSSID)、系统号(SystemID)、小区号(CellID)、基站类型(BTSType)、是否射频拉远(DrawAway)、纬度(LAT)、经度(LON)、伪随机码(PN)、天线方向角(Bearing)、水平波瓣角(HBWD)、垂直波瓣角(VBWD)等。

随书电子资源“\CNA\CDMA_data\数据 1-某沿海公路”文件夹下“沿海公路站点分布.xls”文件是“沿海公路站点分布.zrc”所对应的 Office Excel 格式的表格文件。ZXPOS CNA1 软件自带的小工具基站信息文件转换器“Cellsite File Converter”可以完成从 Excel 表文件到站点文件(.zrc 后缀)的转换，指定源文件和目标文件，单击“Start”即可进行转换，如图 2.4.8 所示。

03 加载路测区域的地图文件

显示站点信息分布图后，出现一个图形操作工具栏。该图形操作工具栏功能强大，可进行常用的图形编辑、缩放、距离测量，显示相应的参数信息等。单击“Open Indoor Map”，如图 2.4.9 所示。

下一步，选择地图 TAB 文件，位于随书电子资源“\CNA\CDMA_data\数据 1-某沿海公路\map”目录下，选择所有的以“.TAB”为后缀的文件，如图 2.4.10 所示。

加载站点信息和地图信息文件后，CNA1 主窗口如图 2.4.11 所示。

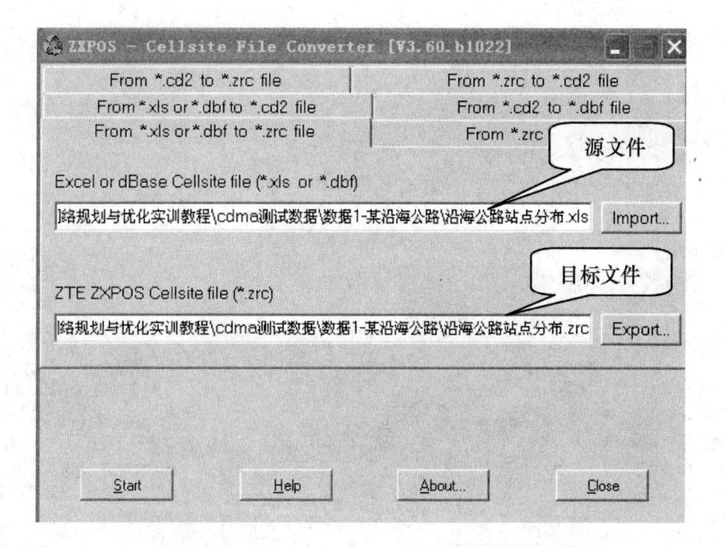

图 2.4.8　基站信息文件转换器界面

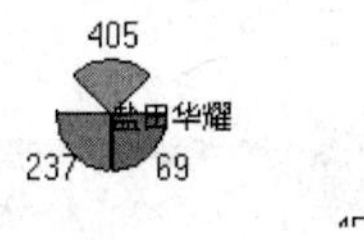

图 2.4.9　加载路测区域地图

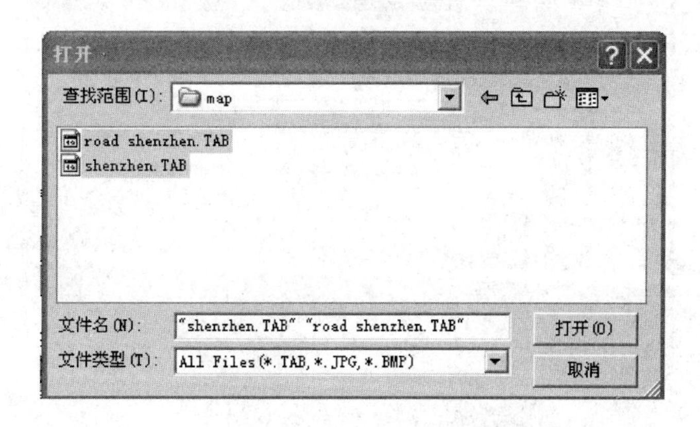

图 2.4.10　选择所有的以“.TAB”为后缀的地图信息文件

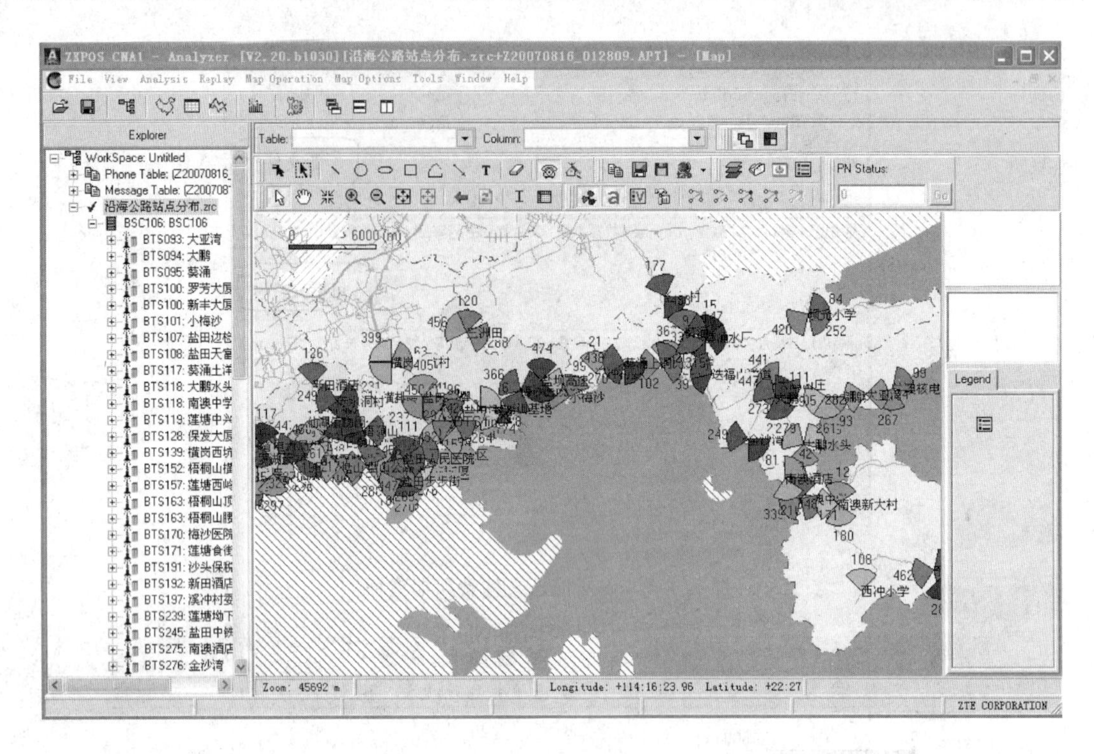

图 2.4.11　加载地图信息后 ZXPOS CAN1 软件界面

04 熟悉 ZXPOS CNA1 的基本分析功能

ZXPOS CNA1 的基本分析功能是指最经常使用的几种分析方法：Map(地图化)分析、Table(电子表格)分析、Graph(时域图)分析以及 Message 消息分析等。可以从“Analysis”菜单下的子菜单项打开，如图 2.4.12 所示。

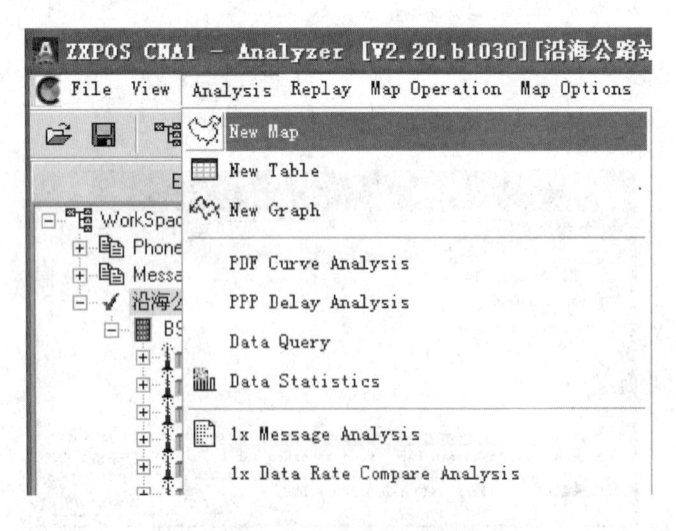

图 2.4.12　基本分析菜单

在 New Table 中得到以列表形式的路测数据，如图 2.4.13 所示。

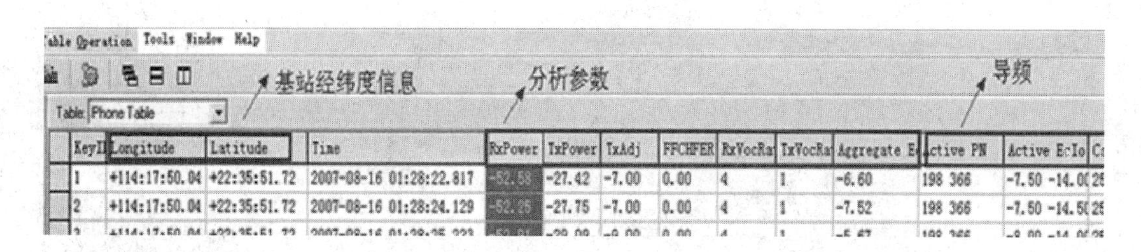

图 2.4.13　路测数据列表分析

05 事件标记设置(Marker Settings)

CNA1 软件对于呼叫过程中出现的各种重要事件可用不同的符号标志进行显示,可以选择关闭或显示这些事件。单击主界面的“Map Options”→“Marker Settings…”菜单项或者单击地图工具栏上的键,可打开事件标记设置显示参数的对话框,如图 2.4.14 所示。

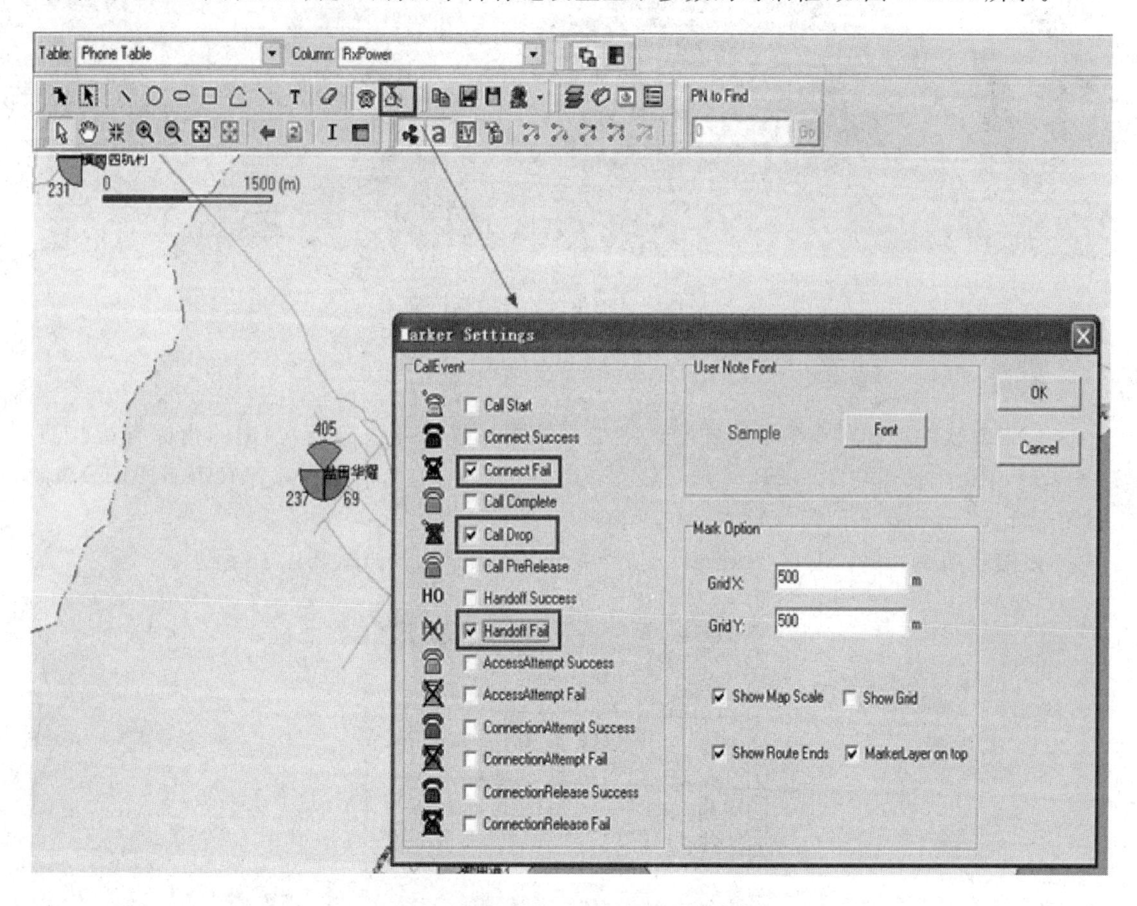

图 2.4.14　事件标记设置对话框

一般建议选择连接失败(Connect Fail)、掉话(Call Drop)、接入试探失败(AccessAttempt Fail)等一些重要的异常事件。设置完了之后,在地图上相应异常的位置显示对应的图标,如图 2.4.15 所示。

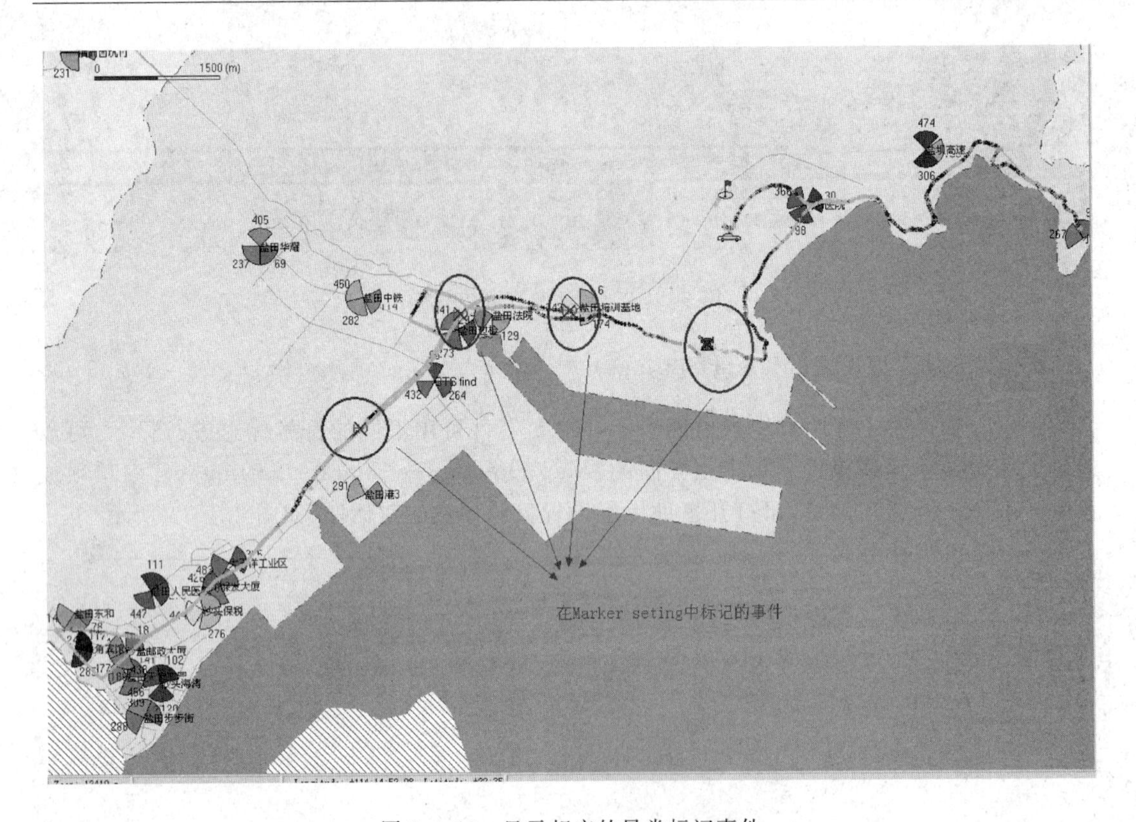

图 2.4.15　显示相应的异常标记事件

06 具体指标分析

CNA1 软件可针对一些常用的测试终端无线指标进行专项分析，常用的指标有接收功率(RxPower)、发送功率(TxPower)、发送平衡(TxAdj)、前向信道误帧率(FFCHFER)、综合信噪比(Aggregate E_c/I_o)等。

以接收功率为例。右击“RxPower”，再单击“New Map”，如图 2.4.16 所示。

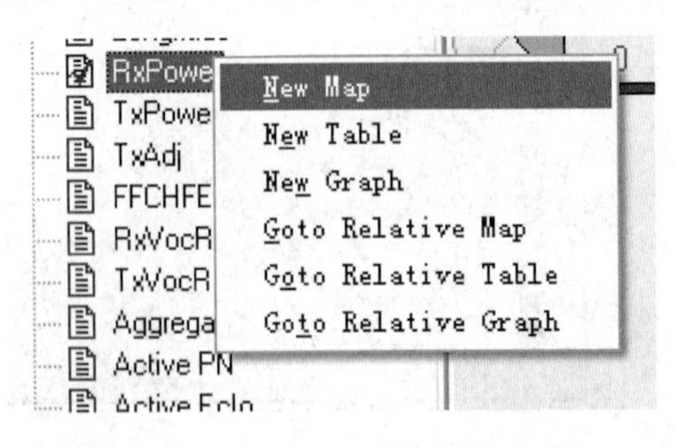

图 2.4.16　选择接收功率

在 CAN1 主窗口则显示接收功率在 DT 路测区域的测试轨迹图，如图 2.4.17 所示。

轨迹图中，不同的颜色表示不同的接收功率信号强度范围。其他各指标轨迹图按照上述方法可分别获取。

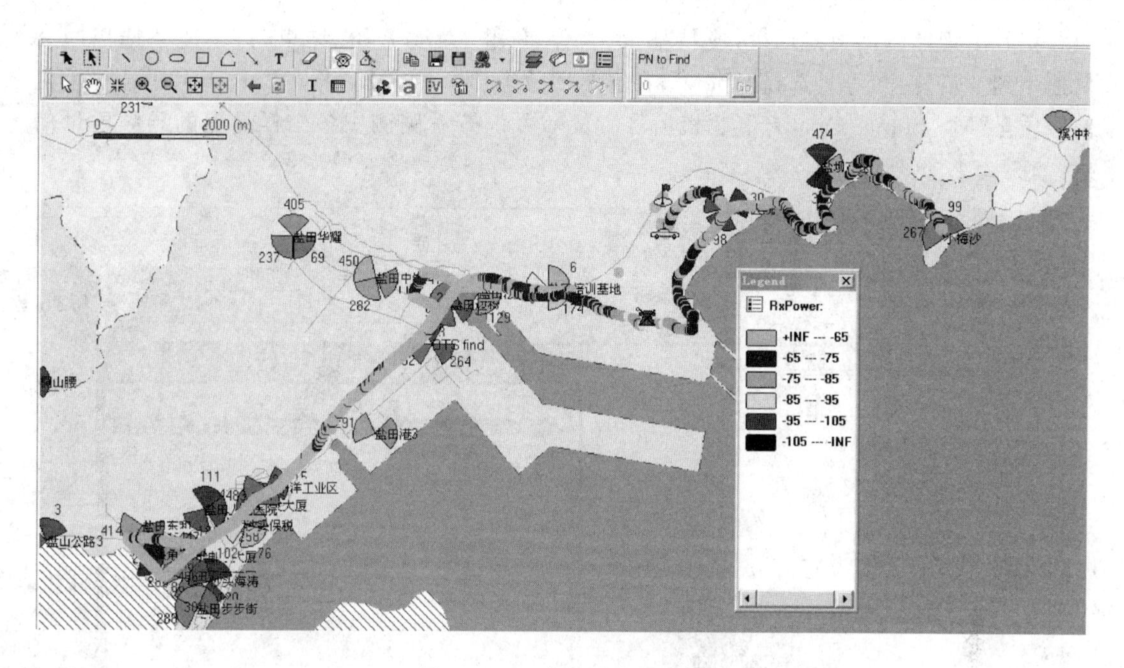

图 2.4.17　接收功率轨迹图

07 数据测试回放

测试数据回放可将测试过程进行全程播放，详细显示测试过程的各无线指标。在工具栏中依次选择“Replay”→“Drive Test Replay”，如图 2.4.18 所示。

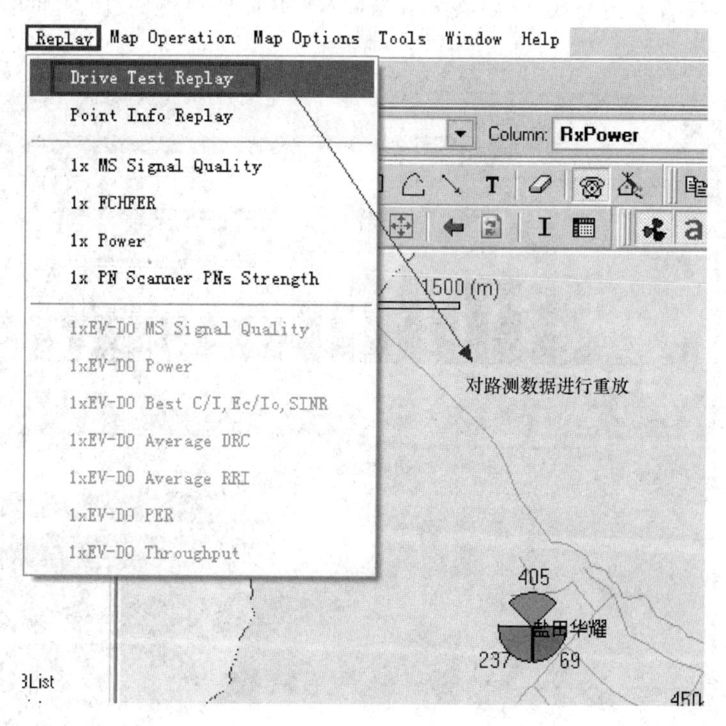

图 2.4.18　路测回放菜单

接着出现路测回放对话框，支持播放、暂停、停止、跳到开始\结束、播放速率选择（1/8倍速率到8倍速率）等。选择"View"，在显示回放窗口"Show Replay Windows"中选择手机信号质量"MS Siqnal Quality"（手机信号质量），可以查看路测中各个样品点的导频质量信息，如图2.4.19所示。

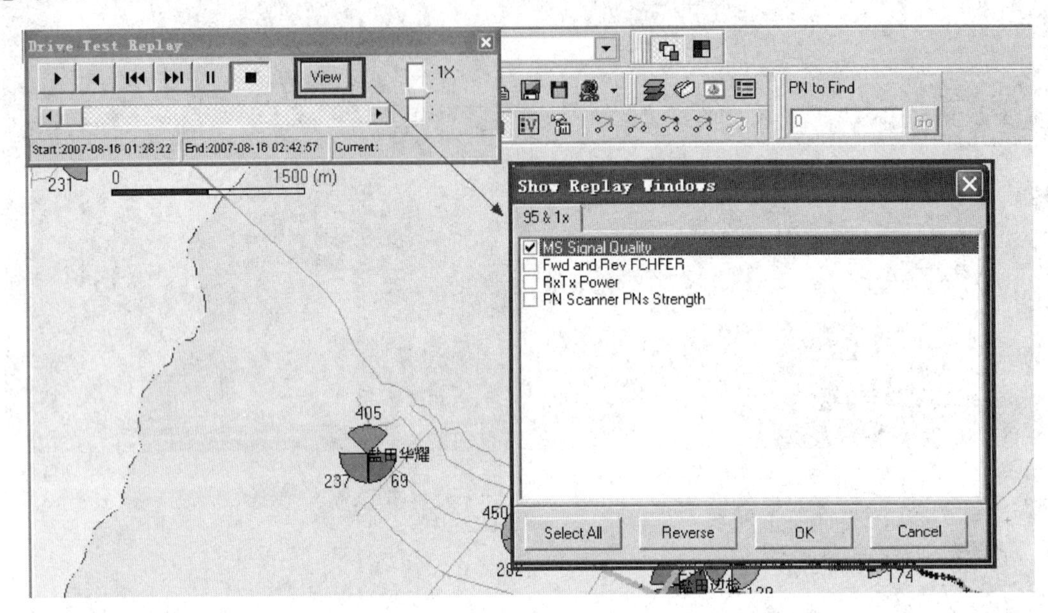

图 2.4.19　路测回放对话框

单击"OK"，接着单击播放，开始路测数据回放，实时显示测试过程中的无线信号情况，如图2.4.20所示。

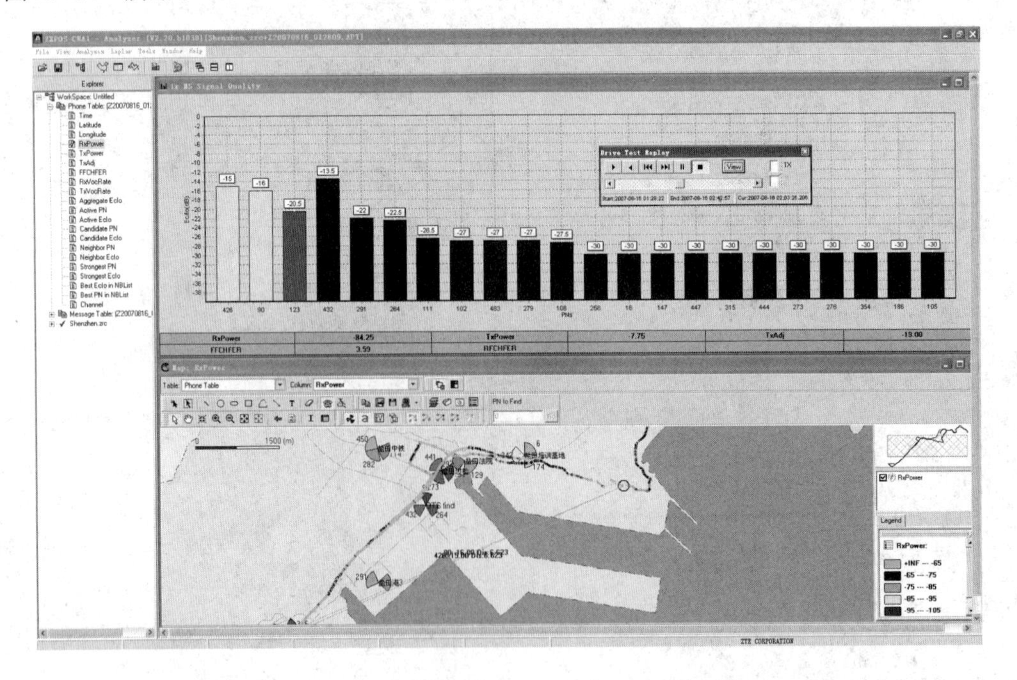

图 2.4.20　路测数据回放并动态显示无线信号状况

在图 2.4.20 中，柱状图横轴为 PN 值，纵轴为该 PN 导频的导频信道信噪比，最左边黄色为激活集 PN，接着青色为候选集 PN，右边蓝色为相邻集 PN。一般地，强度大于－13 dB 可进入候选集，候选集再经相关算法审核后可进入激活集，激活集导频如果强度长时间小于－15 dB，则会被剔除激活集而进入相邻集。

08 无线空中接口层 3 信令消息动态列表显示

在路测数据回放工程中，依次单击 ZXPOS CNA1 主界面的“Analysis”→“1x Message View”菜单项，打开无线空中接口层 3 信令消息动态列表分析窗口，实时显示信令的情况，如图 2.4.21 所示。

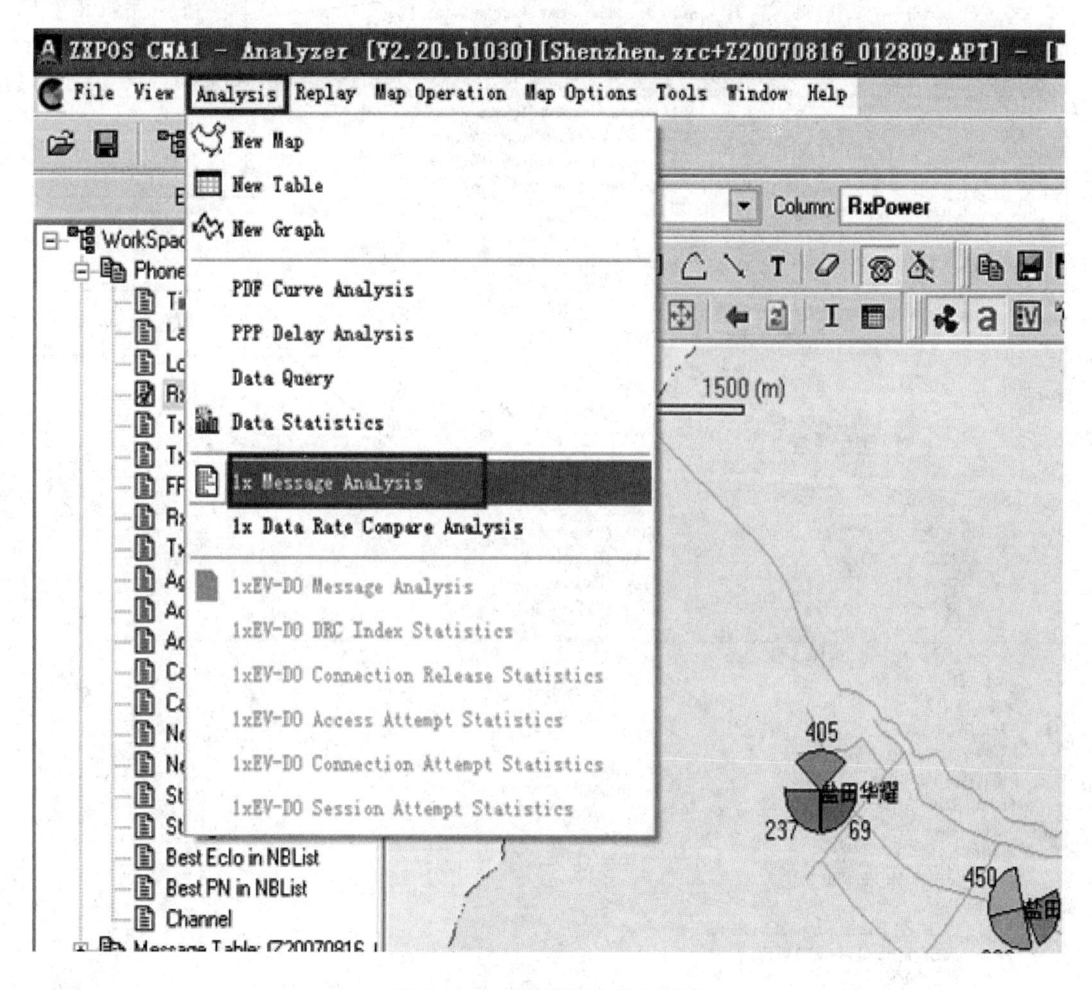

图 2.4.21　显示层 3 信令消息

接着显示无线空中接口层 3 信令消息动态列表分析窗口，如图 2.4.22 所示。

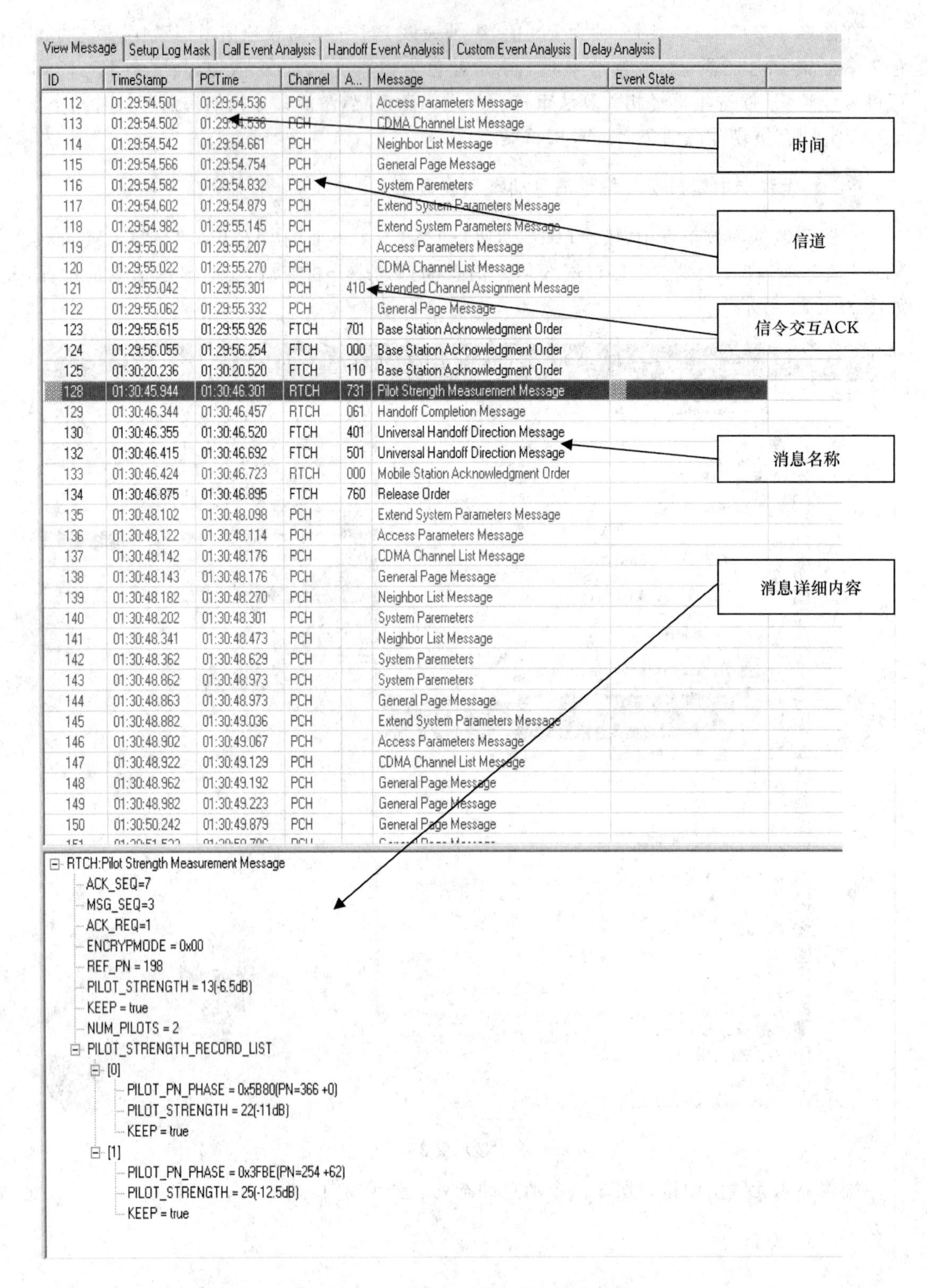
View Message | Setup Log Mask | Call Event Analysis | Handoff Event Analysis | Custom Event Analysis | Delay Analysis

ID	TimeStamp	PCTime	Channel	A...	Message	Event State
112	01:29:54.501	01:29:54.536	PCH		Access Parameters Message	
113	01:29:54.502	01:29:54.536	PCH		CDMA Channel List Message	
114	01:29:54.542	01:29:54.661	PCH		Neighbor List Message	
115	01:29:54.566	01:29:54.754	PCH		General Page Message	
116	01:29:54.582	01:29:54.832	PCH		System Paremeters	
117	01:29:54.602	01:29:54.879	PCH		Extend System Parameters Message	
118	01:29:54.982	01:29:55.145	PCH		Extend System Parameters Message	
119	01:29:55.002	01:29:55.207	PCH		Access Parameters Message	
120	01:29:55.022	01:29:55.270	PCH		CDMA Channel List Message	
121	01:29:55.042	01:29:55.301	PCH	410	Extended Channel Assignment Message	
122	01:29:55.062	01:29:55.332	PCH		General Page Message	
123	01:29:55.615	01:29:55.926	FTCH	701	Base Station Acknowledgment Order	
124	01:29:56.055	01:29:56.254	FTCH	000	Base Station Acknowledgment Order	
125	01:30:20.236	01:30:20.520	FTCH	110	Base Station Acknowledgment Order	
128	01:30:45.944	01:30:46.301	RTCH	731	Pilot Strength Measurement Message	
129	01:30:46.344	01:30:46.457	RTCH	061	Handoff Completion Message	
130	01:30:46.355	01:30:46.520	FTCH	401	Universal Handoff Direction Message	
132	01:30:46.415	01:30:46.692	FTCH	501	Universal Handoff Direction Message	
133	01:30:46.424	01:30:46.723	RTCH	000	Mobile Station Acknowledgment Order	
134	01:30:46.875	01:30:46.895	FTCH	760	Release Order	
135	01:30:48.102	01:30:48.098	PCH		Extend System Parameters Message	
136	01:30:48.122	01:30:48.114	PCH		Access Parameters Message	
137	01:30:48.142	01:30:48.176	PCH		CDMA Channel List Message	
138	01:30:48.143	01:30:48.176	PCH		General Page Message	
139	01:30:48.182	01:30:48.270	PCH		Neighbor List Message	
140	01:30:48.202	01:30:48.301	PCH		System Paremeters	
141	01:30:48.341	01:30:48.473	PCH		Neighbor List Message	
142	01:30:48.362	01:30:48.629	PCH		System Paremeters	
143	01:30:48.862	01:30:48.973	PCH		System Paremeters	
144	01:30:48.863	01:30:48.973	PCH		General Page Message	
145	01:30:48.882	01:30:49.036	PCH		Extend System Parameters Message	
146	01:30:48.902	01:30:49.067	PCH		Access Parameters Message	
147	01:30:48.922	01:30:49.129	PCH		CDMA Channel List Message	
148	01:30:48.962	01:30:49.192	PCH		General Page Message	
149	01:30:48.982	01:30:49.223	PCH		General Page Message	
150	01:30:50.242	01:30:49.879	PCH		General Page Message	

RTCH:Pilot Strength Measurement Message
ACK_SEQ=7
MSG_SEQ=3
ACK_REQ=1
ENCRYPMODE = 0x00
REF_PN = 198
PILOT_STRENGTH = 13(-6.5dB)
KEEP = true
NUM_PILOTS = 2
PILOT_STRENGTH_RECORD_LIST
[0]
PILOT_PN_PHASE = 0x5B80(PN=366 +0)
PILOT_STRENGTH = 22(-11dB)
KEEP = true
[1]
PILOT_PN_PHASE = 0x3FBE(PN=254 +62)
PILOT_STRENGTH = 25(-12.5dB)
KEEP = true

图 2.4.22　无线空中接口层 3 信令消息

09 数据统计

CNA1 提供了强大的数据统计功能，在菜单栏依次选择"Analysis"→"Data Statistics"，则出现数据统计对话框，如图 2.4.23 所示。

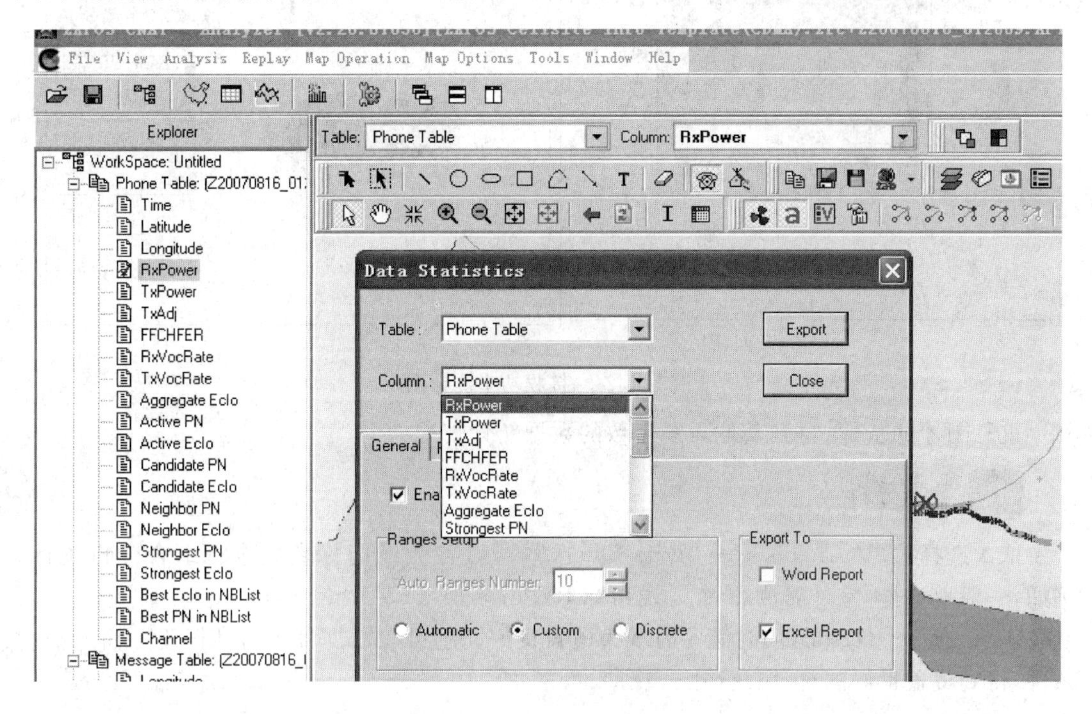

图 2.4.23　数据统计对话框

可以选择各种测试终端无线指标进行专项统计，常用的指标有接收功率、发送功率、发送平衡、前向信道误帧率、综合信噪比等。例如，选择 RxPower，接着选择 Export，则将数据导出到一个 Excel 表格，该表格的第 1 页为数据统计表，如表 2.4.1 所示，该表格的第 2 页以统计图形式显示，如图 2.4.24 所示。

表 2.4.1　接收功率统计表

Category（数值范围）	Percentile(%)（百分比）	Cumulative Percentile(%)（累计百分比）	Number（采集点数量）	Cumulative Number（累计采集点数量）
(+INF, −65)	73.5	73.5	2 836	2 836
[−65, −75)	21.87	95.37	844	3 680
[−75, −85)	3.91	99.28	151	3 831
[−85, −95)	0.67	99.95	26	3 857
[−95, −105)	0.05	100	2	3 859
[−105, −INF)	0	100	0	3 859
Max Value(最大值)	−32.91			
Min Value(最小值)	−98.58			
Ave Value(平均值)	−60.21			

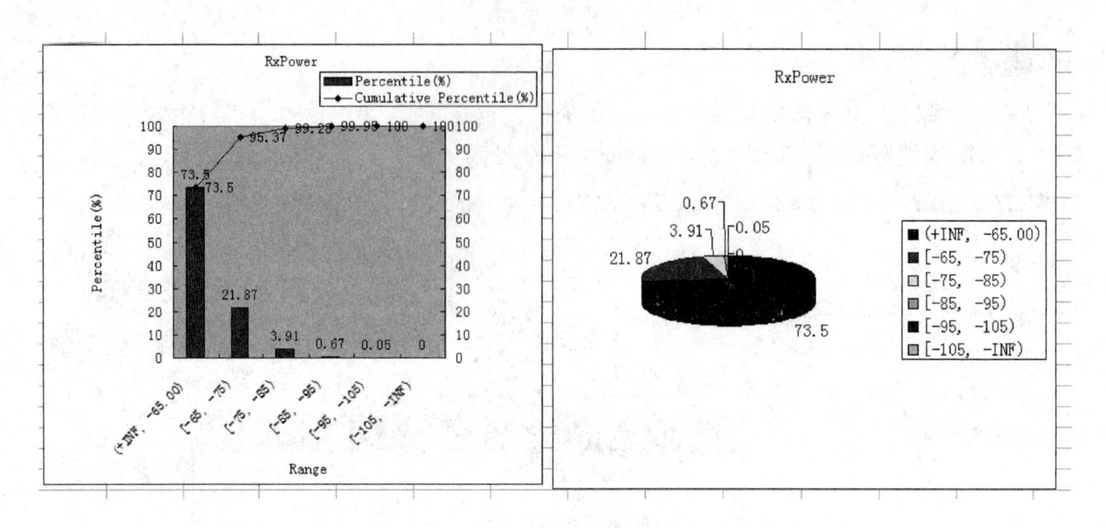

图 2.4.24 接收功率统计图

重复刚才的步骤，得到其他无线参数的数据统计情况。

10 数据分析

依次选择菜单“Analysis”→“Data Query”，可对各无线指标参数进行组合分析统计。例如，一般地，对于室外路测，3 个无线指标 RxPower>－85 dBm、TxPower<10 dBm、Aggregate E_c/I_o>－12 dB，同时满足时视为覆盖良好。则可在数据分析对话框逐一输入查询条件，得到覆盖良好的统计百分比，如图 2.4.25 所示。

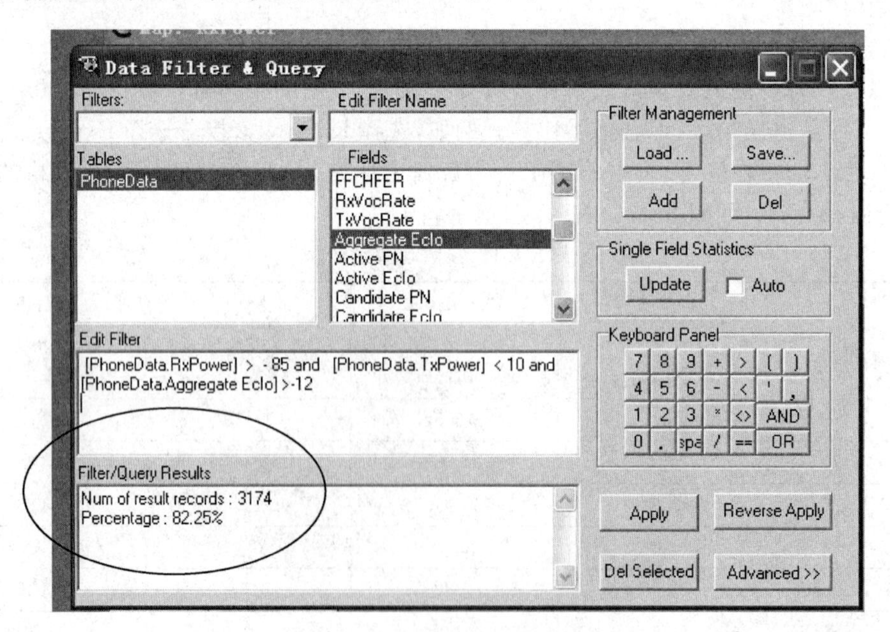

图 2.4.25 覆盖良好的统计百分比

具体的输入方法为，选择 RxPower 参数，在键盘区(Keyboard Panel)选择输入“>”，接着选择输入“－85”，即完成“RxPower>－85 dBm”的设置。接着选择“AND”，表示进行与运算。然后选择输入"TxPower<10 dBm",再次选择与运算,最后选择输入"Aggregate E_c/I_o>－12 dB",即完成 3 个无线指标 RxPower>－85 dBm、TxPower<10 dBm、Aggregate E_c/I_o>－12 dB 同时满足的条件设定,单击"Apply",即可输出满足这 3 个条件的样本点统计结果。图 2.4.25 中,满足要求的点占 82.25%。

训 练 测 试

本章节的"附录:CDMA 无线网络优化数据分析报告模板"列出了数据分析所要求撰写的提纲,通过本次训练,能够掌握 CDMA 无线网络优化数据分析报告的撰写方法。

打开随书电子资源"\CNA\CDMA_data\数据 1-某沿海公路" 文件夹,依次导入路测数据文件、基站信息文件、地图文件。以下将根据 CDMA 无线网络优化数据分析报告模板的格式,针对"数据 1-某沿海公路"路测的数据,进行路测报告的撰写工作。

在"1.1 地理环境"部分,导入地图文件,然后截图,如图 2.4.26 所示,再根据具体的地图情况简要描述。

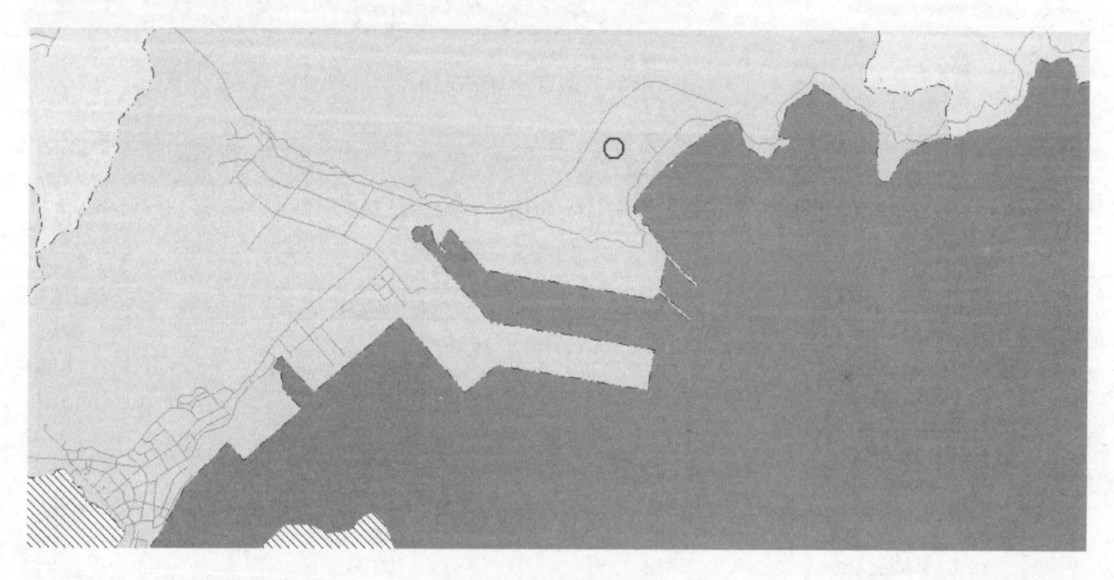

图 2.4.26　地理情况图

在"1.2 网络概况"部分,导入基站信息列表图和地图文件,然后截图,如图 2.4.27 所示,然后再简要描述。

在"1.3 有关测试的信息"部分,对测试时间、测试路线、测试内容进行简要描述。

在"1.4 网络质量概况"部分,需要着重进行描述。在"1.4.1　整体测试结果统计"的报告撰写中:

① 覆盖率的统计情况参照前述"步骤 10　数据分析"的方法,覆盖率为 82.25%。

② 对于呼叫建立成功率、掉话率、切换结果统计等数据,可单击 ZXPOS CNA1 主界面的"Analysis"→"1x Message View"菜单项,出现"1x Message Analysis"窗口,选择"Call Event Analysis"即可进行呼叫各类重要事件的统计,单击"Statistics",即可获得呼叫相关参数的详细统计,如总呼叫次数、失败被叫次数、成功被叫次数、失败呼出次数、成功呼出次数、掉话次数等,如图 2.4.28 所示。该数据可导出到 Excel 表格,再做进一步的处理。

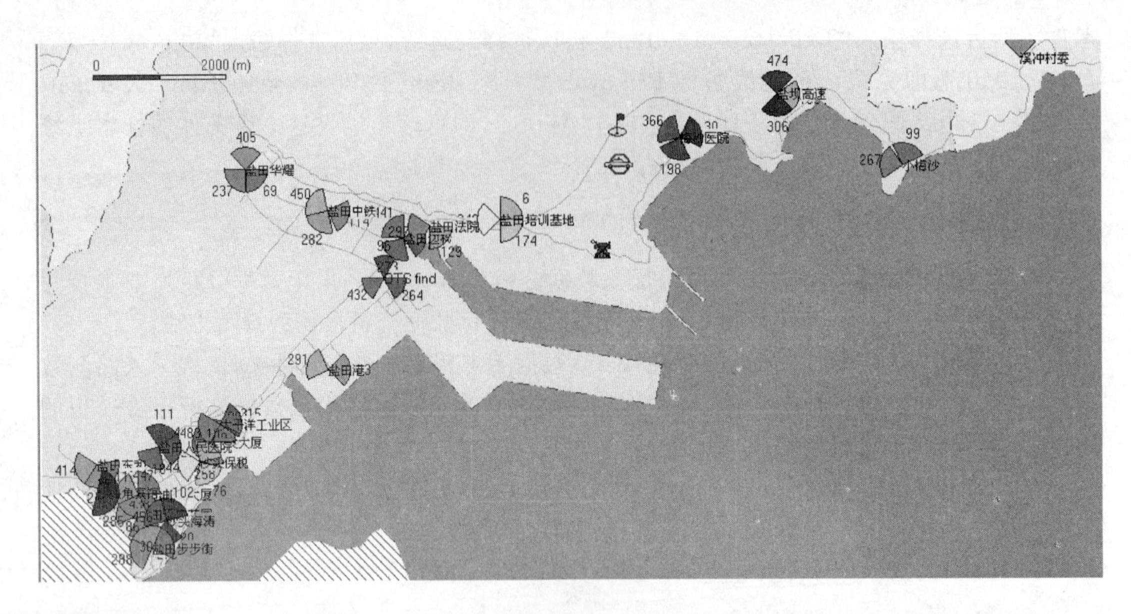

图 2.4.27　站点分布情况图

1x Message Analysis

View Message | Setup Log Mask | Call Event Analysis | Handoff Event Analysis | Custom Event Analysis | Delay Analysis

Call Event Analysis

Call Event	Number	Rate(%)
Total Calls	72	
Fail Incoming Calls	0	
Ok Incoming Calls	0	
PreRelease Incoming Calls	0	
Fail Outgoing Calls	0	
Ok Outgoing Calls	72	
PreRelease Outgong Cals	1	
Fail Connected Calls	0	0.00
Ok Connected Calls	72	100.00
Dropped Calls	1	1.39
PreRelease Calls	1	1.39
Good Calls	69	95.83

Goto Call Message　　Statistics　　Export　　Clear　　Note

图 2.4.28　呼叫情况统计

在图 2.4.28 中，单击“Handoff Event Analysis”（切换事件分析）栏，接着单击“Statistics”，即可查看切换情况统计情况，如图 2.4.29 所示。

在“1.4.2 详细测试结果统计”部分，对于各指标的分析可参照前述“步骤 6 具体指标分析”章节的方法，注意分析 RxPower、Aggregate E_c/I_o、TxPower、FFCHFER、TxAdj 等各关键无线指标的情况，附上各统计表和统计图，并作简要分析。

在“第 2 章 网络质量问题分析”部分，对于测试存在的各类问题，包括接入问题、覆盖问题、掉话问题、其他问题进行逐一分析，要能够结合信号质量、层 3 信令消息、发生问题所在位置的地理环境等情况进行仔细深入的分析。具体的分析方法在接下来的“任务五　案例分析”章节进行详细的阐述。

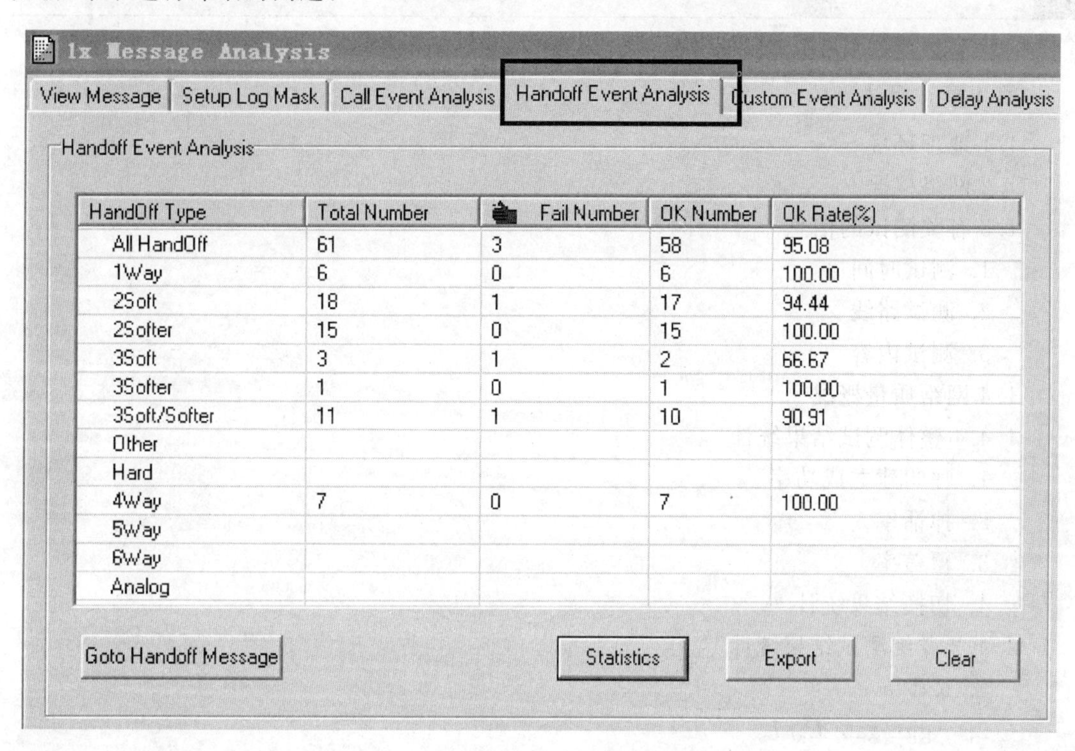

HandOff Type	Total Number	Fail Number	OK Number	Ok Rate(%)
All HandOff	61	3	58	95.08
1Way	6	0	6	100.00
2Soft	18	1	17	94.44
2Softer	15	0	15	100.00
3Soft	3	1	2	66.67
3Softer	1	0	1	100.00
3Soft/Softer	11	1	10	90.91
Other				
Hard				
4Way	7	0	7	100.00
5Way				
6Way				
Analog				

图 2.4.29　切换情况分析

在“第 3 章 整体优化/规划建议”部分，应将本次测试数据进行简要的总结和归纳，提出总体的解决方案。

最后整理，即可完成本次无线网络优化数据分析报告。

训练小结

（1）无线网络优化技术人员一般采用先“粗”后“细”的工作方法，即先对所采集的手机接收电平（RxPower）、手机发射功率（TxPower）、导频强度（E_c/I_o）、误帧率（FFCHFER）等数据绘制出的不同的覆盖图进行“面”分析；再根据采集的网络信令消息，如切换指示消息、业务连接消息等对路测中的掉话或接入失败等进行进一步的“点”分析。

（2）要掌握无线网络优化数据分析报告的撰写方法，对测试数据进行详细的分析，对于测试存在的各类问题，包括接入问题、覆盖问题、掉话问题、其他问题进行逐一分析，要学会结合信号质量、层 3 信令消息、发生问题所在位置的地理环境等情况进行仔细深入的分析。

附录 CDMA 无线网络优化数据分析报告模板

第 1 章 概述

1.1 地理环境

1.2 网络概况

1.3 有关测试的信息

1. 测试时间
2. 测试路线
3. 测试内容

1.4 网络质量概况

1.4.1 整体测试结果统计

1. 呼叫建立成功率
2. 掉话率
3. 覆盖率
4. 切换结果统计

1.4.2 详细测试结果统计

1. RxPower
2. Aggregate E_c/I_o
3. TxPower
4. FFCHFER
5. TxAdj

第 2 章 网络质量问题分析

2.1 接入问题分析

A. 问题一

(1) 问题发生地点

(2) 问题发生时间

(3) 问题描述

(4) 问题分析

(5) 处理建议

B. 问题二

2.2 覆盖问题

A. 问题一

(1) 问题发生地点

(2) 问题发生时间

(3) 问题描述

(4) 问题分析

(5) 处理建议

B. 问题二

2.3 掉话问题

A. 问题一

(1) 问题发生地点

(2) 问题发生时间

(3) 问题描述

(4) 问题分析

(5) 处理建议

B. 问题二

2.4 其他问题

(1) 问题发生地点

(2) 问题发生时间

(3) 问题描述

(4) 问题分析

(5) 处理建议

第 3 章　整体优化/规划建议

任务五 案例分析

训练描述

接入问题和掉话问题是CDMA无线网络优化中遇到的常见问题。接通率和掉话率直接影响用户的体验,是运营商关注的焦点问题,是影响网络业务服务质量的关键指标。

接入失败的定义:当用户拨打一个电话号码时,就称为一个呼叫,如果在规定的时间内,呼叫建立过程不能在主叫方与被叫方之间建立连接,这种情况就称为一次接入失败。如果在呼叫建立后再出现断线,这就属于掉话的范围。

本训练将对CDMA测试数据进行分析,针对CDMA测试过程中遇到的通话问题进行分析,掌握故障的分析方法,对接入案例、掉话案例等常见故障进行深入分析,定位故障,并提出可行的解决方案。

训练环境和设备

(1) 硬件:计算机。

(2) 软件: ZXPOS CNA1,由中兴通讯股份有限公司出品。

训练要求

(1) 准备相关的工程测试数据。本书以随书电子资源"\CNA\CDMA_data"作为示例。

(2) 掌握cdma2000常见无线网络故障的分析流程。

(3) 掌握无线网络异常的分析方法,熟练导入工程测试数据、地图数据和站点数据,能对测试过程进行回放和分析,能根据接收功率、发射功率、误帧率等常用指标,并结合空中接口层3信令,针对具体的接入案例、掉话案例等常见故障进行深入分析,定位故障,并提出可行的解决方案。

训练步骤

01 案例一:某室内测试掉话

【问题描述】

用CNA1软件打开随书电子资源"\CNA\CDMA_data\数据2-某大厦室内"文件夹的测试工程文件,并打开接收功率图,如图2.5.1所示。

在图2.5.1中,出现了一次掉话,位置见图中椭圆框所示。从接收功率图可见,该大厦内手机接收信号是正常的,没有出现弱接收功率的区域,接收功率强度指标大于−85 dBm

的比例占 94.72%，在−95 dBm 以上占 100%。

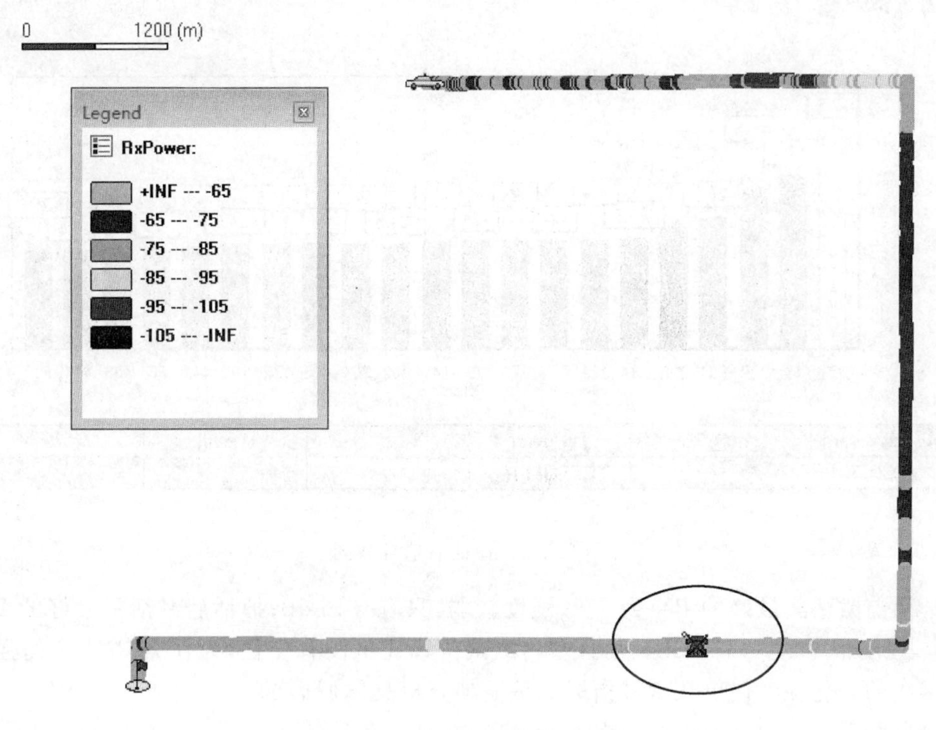

图 2.5.1　某大厦内接收功率图

【问题分析】

在掉话前信号截图如图 2.5.2 所示。

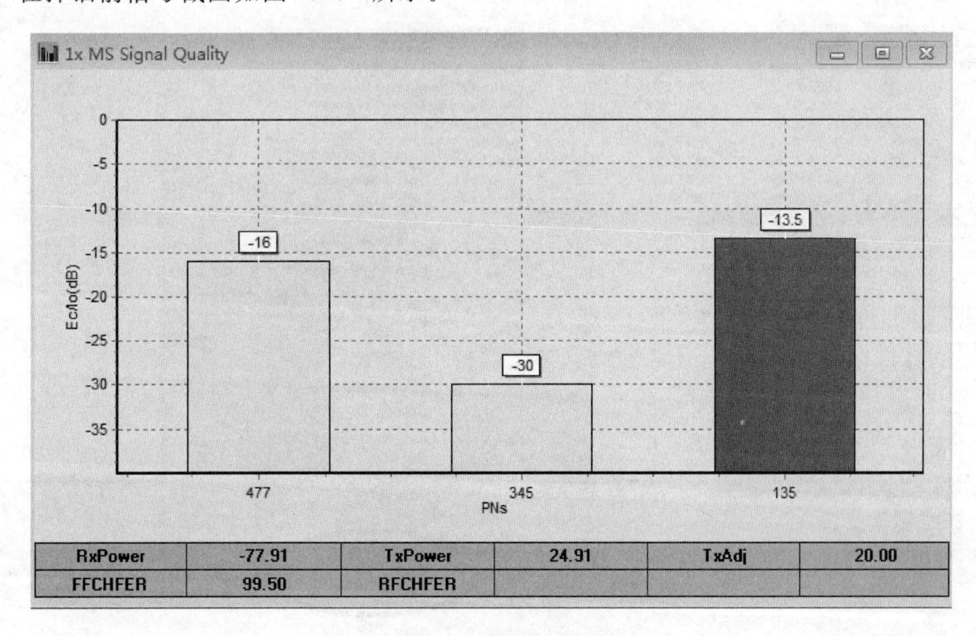

图 2.5.2　掉话前信号截图

掉话后信号截图如图 2.5.3 所示。

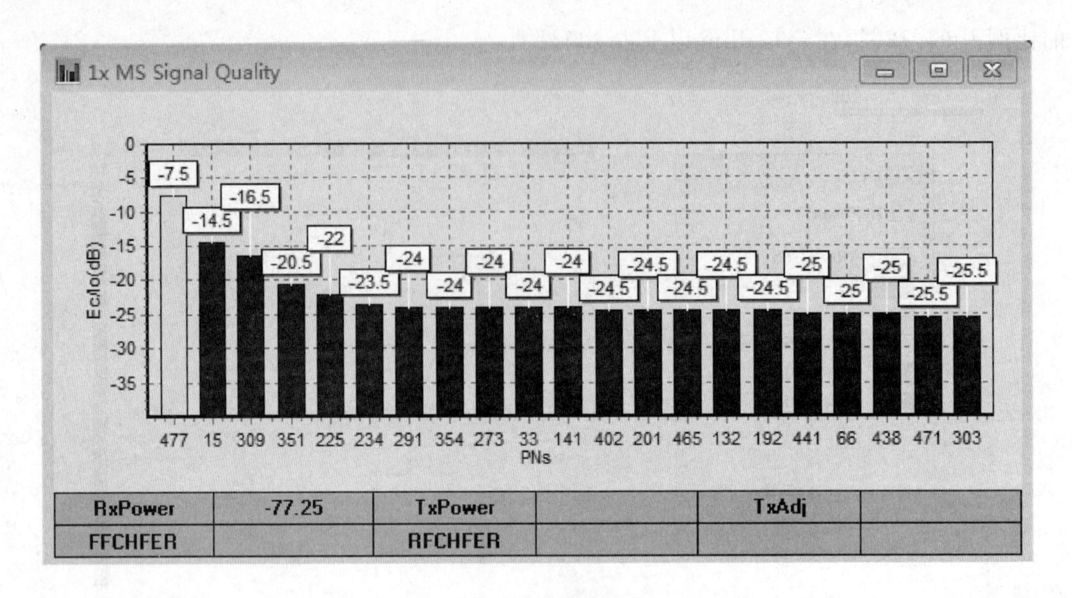

图 2.5.3 掉话后信号截图

掉话前激活集最好的 PN 为 477，强度较弱，只有－16 dB；掉话后激活集最好的 PN 还是 477，强度很好，为－7.5 dB。而且室内测试位置几乎没有变化，为什么 PN477 的强度会有这么大的变化呢？仅仅从信号指标上是很难分析具体原因的。应该结合信令分析，才能较好地判断手机在掉话前后的状态。

本大厦设置了双载频，将信令分析 1x Message Analysis 窗口打开，并右键选中显示频点“Show Frequency”菜单，如图 2.5.4 所示。

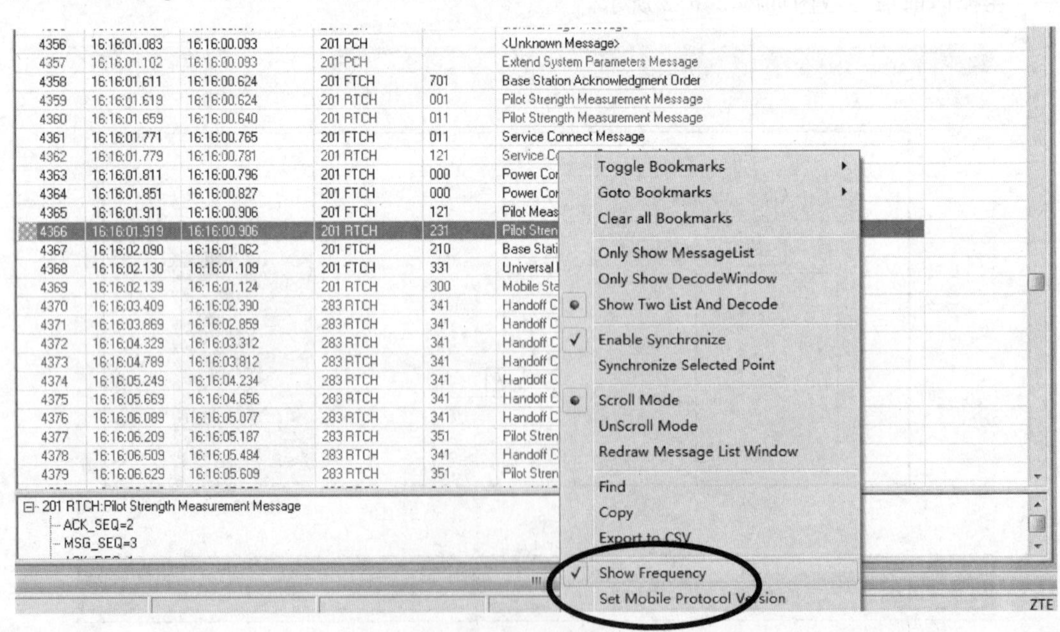

图 2.5.4 打开信令分析窗口，并选中显示频点“Show Frequency”

分析掉话前的信令，可见，进行了一次硬切换，从 201 频点切换到 283 频点，如图 2.5.5 所示。

4362	16:16:01.779	16:16:00.781	201 RTCH	121	Service Connect Completion Message
4363	16:16:01.811	16:16:00.796	201 FTCH	000	Power Control Message
4364	16:16:01.851	16:16:00.827	201 FTCH	000	Power Control Message
4365	16:16:01.911	16:16:00.906	201 FTCH	121	Pilot Measurement Request Order
4366	16:16:01.919	16:16:00.906	201 RTCH	231	Pilot Strength Measurement Message
4367	16:16:02.090	16:16:01.062	201 FTCH	210	Base Station Acknowledgment Order
4368	16:16:02.130	16:16:01.109	201 FTCH	331	Universal Handoff Direction Message
4369	16:16:02.139	16:16:01.124	201 RTCH	300	Mobile Station Acknowledgment Order
4370	16:16:03.409	16:16:02.390	283 RTCH	341	Handoff Completion Message
4371	16:16:03.869	16:16:02.859	283 RTCH	341	Handoff Completion Message
4372	16:16:04.329	16:16:03.312	283 RTCH	341	Handoff Completion Message
4373	16:16:04.789	16:16:03.812	283 RTCH	341	Handoff Completion Message
4374	16:16:05.249	16:16:04.234	283 RTCH	341	Handoff Completion Message
4375	16:16:05.669	16:16:04.656	283 RTCH	341	Handoff Completion Message
4376	16:16:06.089	16:16:05.077	283 RTCH	341	Handoff Completion Message

(a) 信令截图

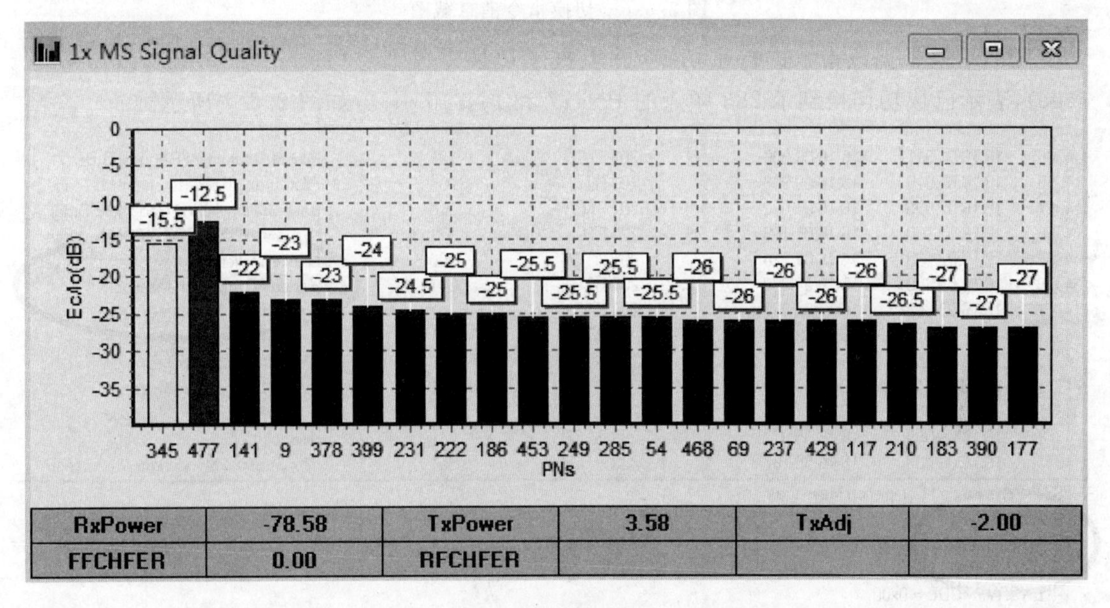

(b) 信号质量截图

图 2.5.5　从 201 频点切换到 283 频点信令分析截图以及信号截图

根据切换时的信令和信号质量可判断，随着用户的移动，正在服务的 201 频点的 PN345 和 PN477 扇区判断用户正在慢慢远去，根据切换算法，符合换频切换的条件，因此发出导频测量请求命令(Pilot Measurement Request Order)，请求手机上报无线环境，手机收到后上报导频强度测量消息(Pilot Strength Measurement Message)汇报无线环境，随后基站发出切换指令消息(University Handoff Direction Message)，指示进行硬切换(EXTRA_PARAMS 值为 true 表示硬切换，为 false 表示软切换)，切换到 283 号频点的 PN477 和 PN345，如图 2.5.6 所示。

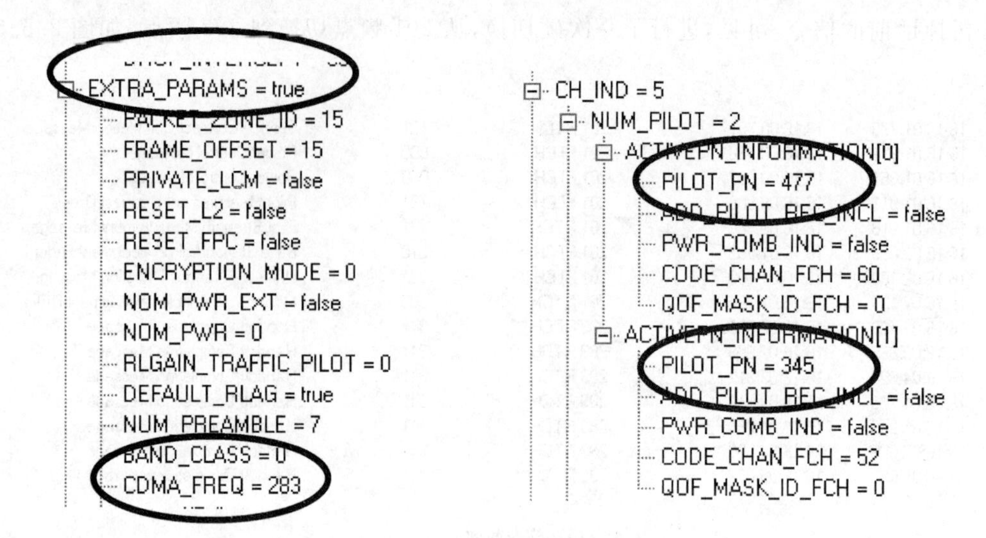

图 2.5.6　切换指令消息截图

随后手机根据该指示进行了切换,并上报了切换完成消息(Handoff Completion Message),表示已成功切换到了 283 频点的 PN477 和 PN345 小区,如图 2.5.7 所示。

4365	16:16:01.911	16:16:00.906	201 FTCH	121	Pilot Measurement Request Order
4366	16:16:01.919	16:16:00.906	201 RTCH	231	Pilot Strength Measurement Message
4367	16:16:02.090	16:16:01.062	201 FTCH	210	Base Station Acknowledgment Order
4368	16:16:02.130	16:16:01.109	201 FTCH	331	Universal Handoff Direction Message
4369	16:16:02.139	16:16:01.124	201 RTCH	300	Mobile Station Acknowledgment Order
4370	16:16:03.409	16:16:02.390	283 RTCH	341	Handoff Completion Message
4371	16:16:03.869	16:16:02.859	283 RTCH	341	Handoff Completion Message
4372	16:16:04.329	16:16:03.312	283 RTCH	341	Handoff Completion Message
4373	16:16:04.789	16:16:03.812	283 RTCH	341	Handoff Completion Message
4374	16:16:05.249	16:16:04.234	283 RTCH	341	Handoff Completion Message
4375	16:16:05.669	16:16:04.656	283 RTCH	341	Handoff Completion Message
4376	16:16:06.089	16:16:05.077	283 RTCH	341	Handoff Completion Message
4377	16:16:06.209	16:16:05.187	283 RTCH	351	Pilot Strength Measurement Message

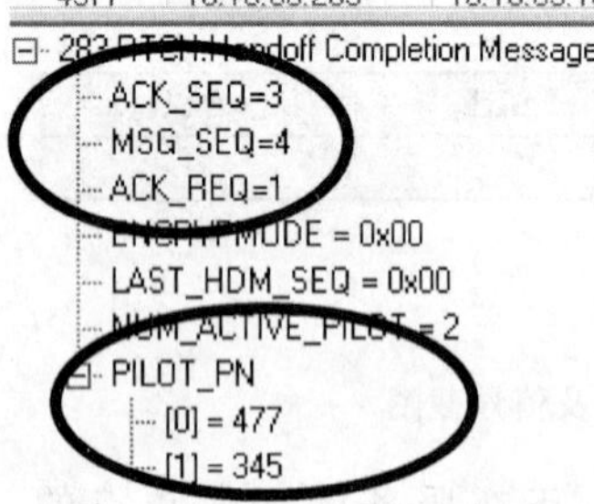

图 2.5.7　手机发出切换完成消息,并不断重复发送该消息

注意到,该消息的确认请求“ACK_REQ”值为 1,这意味着,这是一条对方必须要回复的消息。从图 2.5.7 可见,手机没有收到基站的回应消息,手机反复多次地重发了该条信令,但都没获得基站的回复。直至掉话时,手机一直向基站发送切换完成消息以及其他同样需要基站回复确认的消息(如导频强度测量消息),但都没有收到基站的回应,如图 2.5.8 所示。

4394	16:16:09.189	16:16:08.171	283 RTCH	361	Pilot Strength Measurement Message
4395	16:16:09.229	16:16:08.202	283 RTCH	341	Handoff Completion Message
4396	16:16:09.269	16:16:08.249	283 RTCH	351	Pilot Strength Measurement Message
4397	16:16:09.689	16:16:08.671	283 RTCH	361	Pilot Strength Measurement Message
4398	16:16:09.769	16:16:08.749	283 RTCH	341	Handoff Completion Message
4399	16:16:09.849	16:16:08.827	283 RTCH	351	Pilot Strength Measurement Message
4400	16:16:10.189	16:16:09.171	283 RTCH	361	Pilot Strength Measurement Message
4401	16:16:10.269	16:16:09.249	283 RTCH	341	Handoff Completion Message
4402	16:16:10.349	16:16:09.327	283 RTCH	351	Pilot Strength Measurement Message
4403	16:16:10.689	16:16:09.671	283 RTCH	361	Pilot Strength Measurement Message
4404	16:16:10.769	16:16:09.749	283 RTCH	341	Handoff Completion Message
[illegible]	[illegible]	16:16:09.827	283 RTCH	351	Pilot Strength Measurement Message
[illegible]	[illegible]	16:16:10.171	283 RTCH	361	Pilot Strength Measurement Message
[illegible]	[illegible]	16:16:10.249	283 RTCH	341	Handoff Completion Message
[illegible]	[illegible]	16:16:10.327	283 RTCH	351	Pilot Strength Measurement Message
[illegible]	[illegible]	16:16:10.671	283 RTCH	361	Pilot Strength Measurement Message
[illegible]	[illegible]	16:16:10.749	283 RTCH	341	Handoff Completion Message
[illegible]	[illegible]	16:16:10.827	283 RTCH	351	Pilot Strength Measurement Message
4412	16:16:12.189	16:16:11.171	283 RTCH	361	Pilot Strength Measurement Message
4413	16:16:12.269	16:16:11.249	283 RTCH	341	Handoff Completion Message
4414	16:16:12.349	16:16:11.327	283 RTCH	351	Pilot Strength Measurement Message
4415	16:16:12.689	16:16:11.671	283 RTCH	361	Pilot Strength Measurement Message
4416	16:16:12.769	16:16:11.749	283 RTCH	341	Handoff Completion Message
4417	[illegible]	[illegible]	283 RTCH	351	Pilot Strength Measurement Message
4418	[illegible]	[illegible]	283 RTCH	361	Pilot Strength Measurement Message
4419	[illegible]	[illegible]	[illegible]	341	Handoff Completion Message
4420	16:16:13.309	16:16:12.296	283 RTCH	351	Pilot Strength Measurement Message
4421	16:16:13.804	16:16:13.031	201 SCH		Sync Channel Message
4422	16:16:14.322	16:16:13.312	201 PCH		General Page Message

图 2.5.8　掉话时的信令截图

提示

在一次通话期间，基站和移动台之间需要维持一个闭环信令链路，如果这条链路由于某种原因断掉，就会导致移动台重新初始化并返回空闲状态。cdma2000 协议中定义了当这个闭环链路异常断开而导致掉话的几种机制。其中，移动台掉话机制为：

(1) 移动台错帧计数器。如果移动台从前向基本信道连续收到 12 个错帧，则移动台应该关闭反向发射机。在那之后，如果移动台在 5 s 时间之内连续收到 2 个好帧，则移动台应当重新使能它的反向发射机。否则，掉话发生。

(2) 移动台衰落定时器。前向高误帧率意味着前向链路正在变差，移动台维持一个衰落定时器，连续收到 2 个好帧后重置该定时器。如果在定时器期满前不能重置，移动台将重新初始化。

(3) 移动台消息证实失败。移动台发送了一条需要证实的消息，如果在 T1m 时间内没有收到基站发给移动台的确认 ACK，移动台将会重新发送这条消息。如果在 N1m 次发射后还没有收到证实消息，移动台就会重新初始化。N1m 在 IS－95 中定义为 3，在 IS—95B中可以增加到 9，在 cdma20001x 协议中定义为 13，T1m 协议定义为 400 ms。

结合信令可见，自终端第一次发送需要基站确认的切换完成消息开始，由于收不到回应，每隔约 400 ms 就重发一次，连续超过 13 次重发都没有收到回应 ACK，触发了移动台的掉话机制，导致了掉话的发生。

移动终端在原 201 频点上正常通话，切换到了 283 频点后就收不到基站的前向业务信道的任何消息，并且从图 2.5.2 掉话前信号截图可见 PN283 频点的两个导频的强度都较弱，PN477 强度为－16，PN345 强度为－30，因此问题定位为 201 频点正常，而 283 频点信号强度过低，283 频点前向业务信道功率异常。

【处理建议】

查找 283 频点功率异常的原因。

(1) 检查 283 频点的功放是否存在异常，如果功放异常，则更换硬件设备。

(2) 检查与 283 频点有关的无线参数设置，是否存在该频点的输出功放设置过低，如果设置过低，则更正。

(3) 检查与 283 频点有关的室内分布系统，是否存在天馈系统异常，器件插入损耗过大等问题，如果器件异常则更换。

02 案例二：某江边城市呼叫失败

【问题描述】

用 CNA 软件打开随书电子资源"\CNA\CDMA_data\数据 3-某江边城市"文件夹的测试工程文件，导入站点信息表，导入 MAP 目录下的地图，打开接收功率 RxPower 图，在万州桃花山旁边，出现了一个呼叫不成功的问题，如图 2.5.9 所示。

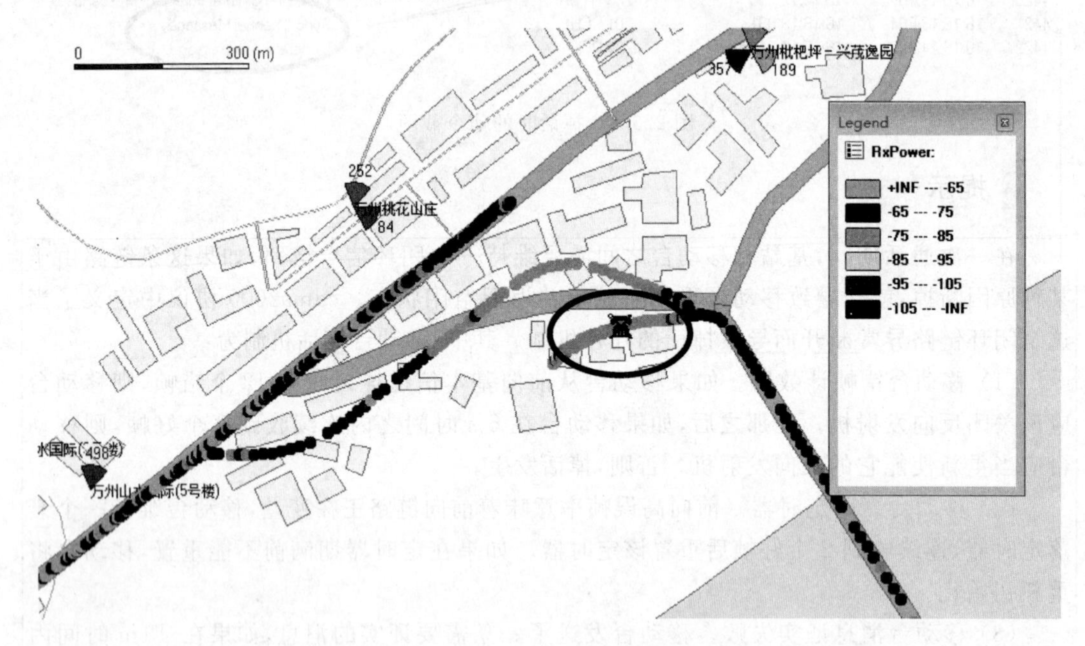

图 2.5.9　呼叫不成功位置图

【问题分析】

查看呼叫失败时的信令图，发现连续发出了 2 次起呼消息，但都没获得基站的回应，接着重新初始化，如图 2.5.10 所示。

查看起呼时的信号质量图，发现正在服务的扇区为 PN9，信号很弱，强度只有－17.5 dB，比最低要求－15 dB 要低，如图 2.5.11 所示。

注意到，总的接收功率 RxPower 值是足够强的，达到了－82.25 dBm。总接收功率正

7372	[illegible]	15:17:48....	PCH		CDMA Channel List Message
7373	[illegible]	15:17:48....	PCH		General Page Message
7374	[illegible]	15:17:48....	PCH		Neighbor List Message
7375	[illegible]	15:17:48....	PCH		General Page Message
7376	15:17:51.990	15:17:48....	ACH	721	Origination Message
7377	15:17:52.590	15:17:49....	ACH	721	Origination Message
7378	15:17:58.947	15:17:55....	SCH		Sync Channel Message
7379	[illegible]	15:17:56....	PCH		General Page Message
7380	[illegible]	15:17:56....	PCH		System Paremeters
7381	[illegible]	15:17:56....	PCH		Access Parameters Message
7382	15:17:59.441	15:17:56....	PCH		General Page Message
7383	15:17:59.441	15:17:56....	PCH		CDMA Channel List Message
7384	15:17:59.461	15:17:56....	PCH		Extend System Parameters Message
7385	15:17:59.501	15:17:56....	PCH		Neighbor List Message
7386	15:17:59.501	15:17:56....	PCH		General Page Message
7387	15:17:59.541	15:17:56....	PCH		System Paremeters
7388	15:17:59.561	15:17:56....	PCH		Access Parameters Message
7389	15:17:59.561	15:17:56	PCH		CDMA Channel List Message

连续起呼2次，都未获响应

重新同步，即起呼失败

图 2.5.10　呼叫失败信令图

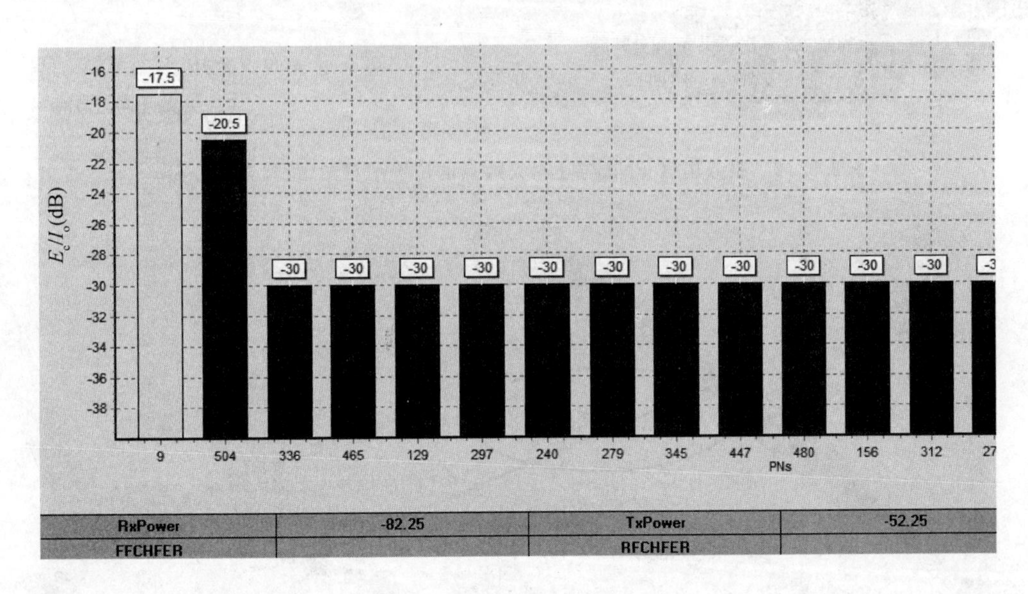

图 2.5.11　起呼时的信号质量图

常，但激活集导频强度低，这种问题属于典型的导频污染问题。

查看旁边的基站情况，发现 PN9 的导频信号是远离呼叫失败位置达 3.249 公里的某基站跨越了好几层基站飘过来的，如图 2.5.12 所示。而在离呼叫失败位置最近的万州桃花山 PN84 小区，距离只有 456.87 m，如图 2.5.13 所示，不过到达该位置的信号却非常微弱，在图 2.5.11 可见，测试终端没有检测到该 PN84 导频。

由于最佳服务小区 PN9 距离较远，覆盖信号不稳当，而应该提供服务的最近小区信号却不好，造成起呼时容易引起前向信道功率不足的情况，最后导致手机无法解调基站确认 BS ACK 消息从而导致起呼失败。

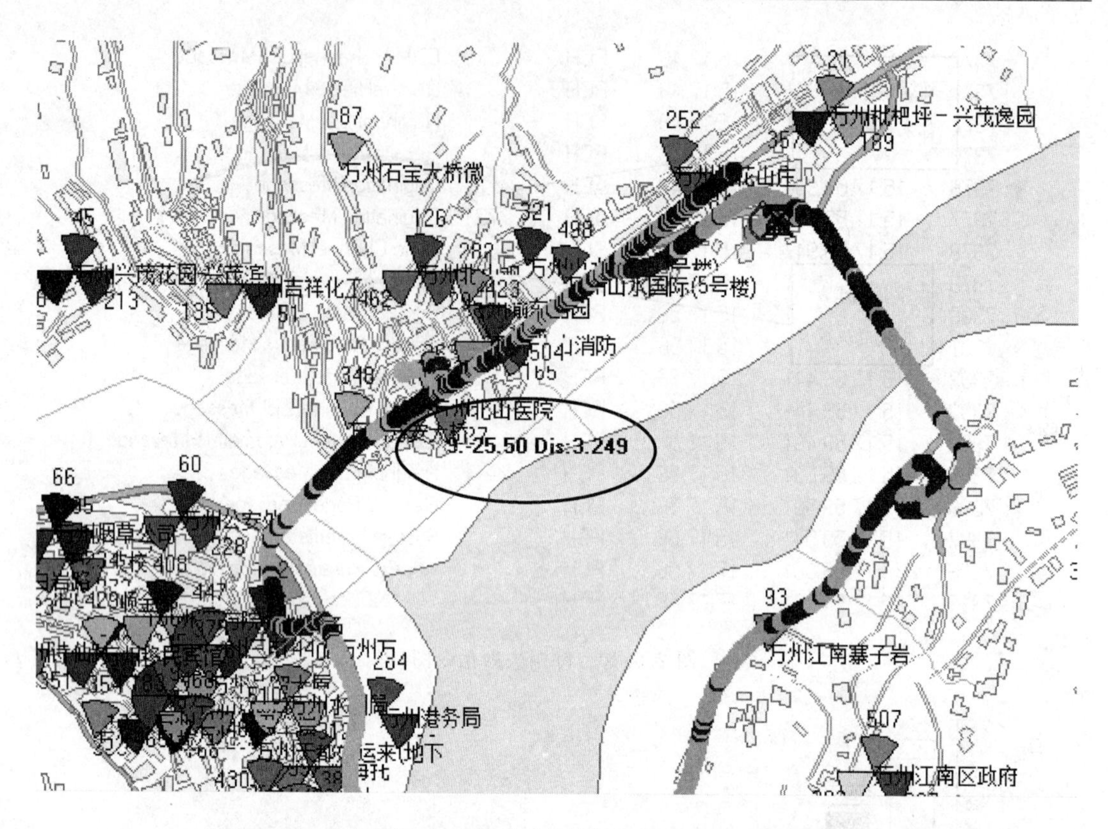

图 2.5.12 服务扇区 PN9 与呼叫失败点的位置示意图(距离 3 249 m)

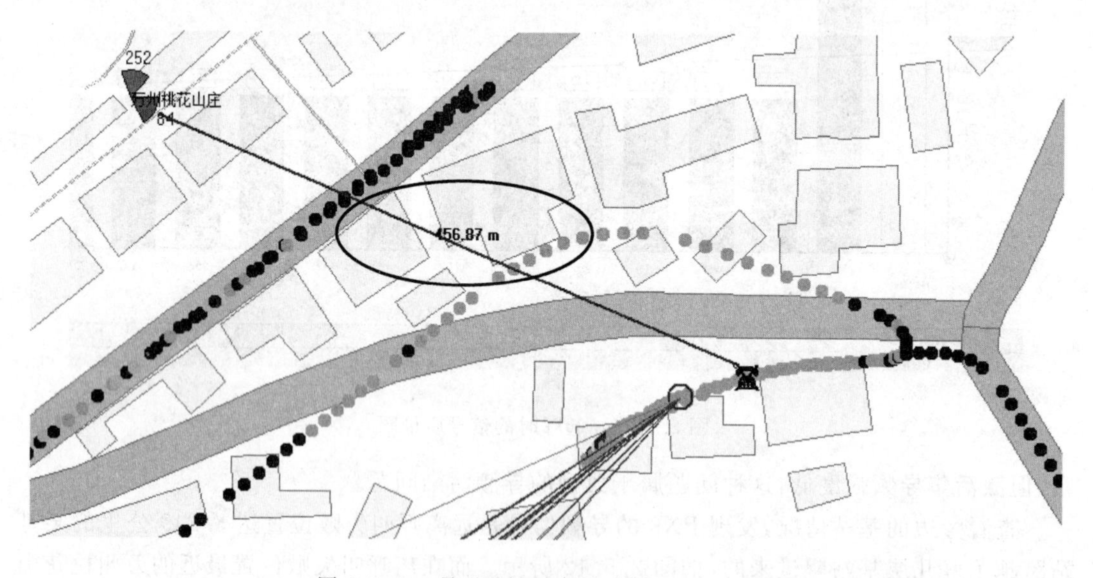

图 2.5.13 最近基站示意图(距离 456.87 m)

【处理建议】

(1) 调整 PN9 小区的覆盖范围,加大其下倾角度,调整其辐射方向角,降低 PN9 小区的覆盖半径。

(2) 检查万州桃花山 PN84 未能有效覆盖该区域的原因。通过增加小区功率、射频调整优化等方式，使桃花山基站 PN84 在该区域形成主导频。

(3) 如实施方案 1、2 后，问题仍未解决，建议在该区域新增基站或直放站，以加强覆盖。

训练测试

用 CNA1 软件打开随书电子资源“\CNA\CDMA_data\数据 2-某江边城市”，在本测试中，存在 3 个掉话的情况，如图 2.5.14 所示。

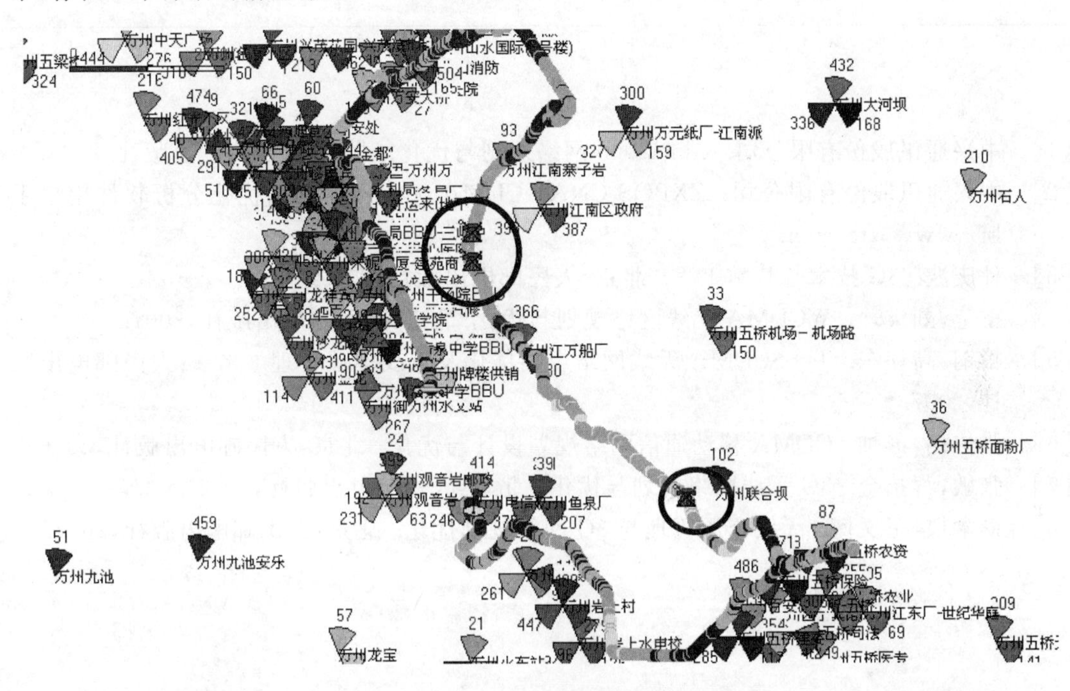

图 2.5.14　某江边城市掉话情况

对这 3 个掉话进行深入分析，按照以上的分析流程，分别分析这 3 个掉话的原因，并提出正确的处理建议。

训练小结

(1) 接入问题和掉话问题是 CDMA 无线网络优化中遇到的常见问题。接通率和掉话率直接影响用户的体验，是运营商关注的焦点问题，是影响网络业务服务质量的关键指标。无线网络优化应该对网络中存在的掉话情况以及接入异常等情况进行重点关注，深入分析造成网络异常的原因。

(2) 在分析网络异常的过程中，应能仔细观察掉话或接入异常时的关键指标，对接收信号功率、发送信号功率、前向信道误帧率、导频信噪比等指标进行分析，根据网络异常的具体地理位置，并能结合无线空中接口层 3 信令，正确找出异常的原因，并提出最佳的解决方案。

参考文献

［1］ 中兴通讯股份有限公司. cdma2000 网络规划与优化. 北京：电子工艺出版社，2005.

［2］ 中兴通讯股份有限公司. ZXPOS CNA1 CDMA 无线网络规划优化分析软件用户手册. www.zte.com.

［3］ 杜庆波. 3G 技术与基站工程. 北京：人民邮电出版社，2009.

［4］ 王莹，刘宝玲. WCDMA 无线网络规划与优化. 北京：人民邮电出版社，2007.

［5］ 啜钢，高伟东. TD-SCDMA 无线网络规划优化及无线资源管理. 北京：人民邮电出版社，2007.

［6］ 张传福，彭灿. CDMA 移动通信网络规划设计与优化. 北京：人民邮电出版社，2006.

［7］ 张敏，蒋招金. 3G 无线网络规划与优化. 北京：人民邮电出版社，2012.

［8］ 彭木根，王文博. 无线资源管理与 3G 网络规划优化. 北京：人民邮电出版社，2012.